高等院校艺术设计类专业系列教材

Maya 2020
三维动画制作案例教程

余春娜　编著

U0289936

清华大学出版社
北　京

内 容 简 介

本书主要讲解使用Maya 2020软件制作计算机动画的基础知识，包括基本概念、创作理念、软件操作和应用技巧等。

在制作三维动画的流程上，本书使用前后贯穿、左右联系的方法，避免了常规教材中由于独立拆分导致在创作思维方式上各模块之间缺乏联系的弊端，形成了完整的知识重点模块。模型、材质、动画、渲染、合成等一系列三维计算机动画的重点内容与知识点无缝链接的全流程教学体系，让读者直观地理解和掌握计算机动画各个模块制作之间的逻辑关系。书中案例总结了作者多年的动画制作经验和教学经验，在案例中循序渐进地贯穿众多重点、知识点和软件核心功能，同时也能够起到穿针引线的作用，将需要掌握的软件功能命令进行横向和纵向的联系，与建筑、机械、人物、动物和生物解剖等内容产生关联，以扩展知识。

本书可作为高等院校艺术设计类相关专业的教材，也可作为三维动画爱好者的学习用书。

图书在版编目(CIP)数据

Maya 2020三维动画制作案例教程 / 余春娜编著. —北京：清华大学出版社，2022.5(2024.1重印)
高等院校艺术设计类专业系列教材
ISBN 978-7-302-60580-5

Ⅰ.①M… Ⅱ.①余… Ⅲ.①三维动画软件—高等学校—教材 Ⅳ.①TP391.414

中国版本图书馆CIP数据核字(2022)第064260号

责任编辑：李　磊
封面设计：杨　曦
版式设计：孔祥峰
责任校对：成凤进
责任印制：丛怀宇

出版发行：清华大学出版社
　　　　网　　　址：https://www.tup.com.cn，https://www.wqxuetang.com
　　　　地　　　址：北京清华大学学研大厦A座　　　　邮　　编：100084
　　　　社　总　机：010-83470000　　　　　　　　　邮　　购：010-62786544
　　　　投稿与读者服务：010-62776969，c-service@tup.tsinghua.edu.cn
　　　　质　量　反　馈：010-62772015，zhiliang@tup.tsinghua.edu.cn
印　装　者：三河市铭诚印务有限公司
经　　　销：全国新华书店
开　　　本：185mm×260mm　　　印　　张：14.75　　　字　　数：426千字
版　　　次：2022年7月第1版　　　印　　次：2024年1月第2次印刷
定　　　价：79.80元

产品编号：088777-01

随着我国创意文化产业领域的崛起，市场需要拥有创意思维的动画专业人才，各高等院校迫切感受到培养动画专业人才对创意文化产业发展的重要性。本书是高等院校三维计算机动画基础课程的指定教材，总结了符合目前文化产业领域情况的三维计算机动画教学内容，结合了编者多年的教学经验、大量的课堂实践、丰富的创作经验、严谨的逻辑思维、灵活且实用的教学方法与贯穿知识点的原创范例编写而成。全书集实践性、典型性、前沿性、丰富性、逻辑性、实用性与灵活性为一体。

本书内容以 Maya 软件为核心，还涉及 Unfold3D、Photoshop 等多款软件的综合运用与衔接，读者通过系统学习本书，不仅可以掌握三维计算机动画的制作方法，还可以了解三维计算机动画与传统逐格动画、二维动画相结合的动画创作方法。

本书讲解 Maya 软件及其周边软件的方法和以往的教材有所不同，更注重满足以创意思路创作三维计算机动画的需要。书中把软件命令分为核心功能与辅助功能两类，在内容上并不以单纯讲解软件命令如何使用为唯一目的，而是针对动画创作的特点，把握三维软件学习的核心与重点，通过举一反三的案例制作和深入浅出的理论讲解，培养读者对造型的正确分析能力和深入的观察能力。

本书分析了虚拟造型与现实造型相互作用的关系，利用两者的区别和特点进行无缝衔接的同步制作，深入剖析虚拟造型中每个部分与每个步骤是如何实现与现实造型在具体结构上的相互匹配。虚拟造型结合正确思路的制作才能充分体现现实造型的结构、质感等特点，同时虚拟造型也能弥补现实造型制作时的角度限制、操作不灵活和随意性不强等不足之处。书中采取了开拓思维的方式，在增强读者虚拟造型思维能力的同时加强其对现实造型的理解能力，进而获得虚拟造型的思维能力和现实造型的基础能力，并能使这两种能力螺旋式地逐步升华。在具体的制作中，虚拟造型结合现实造型进行同时、同步、同比例的制作，条理清晰的制作步骤激发读者的兴趣。以虚拟造型带入现实造型和现实造型分析虚拟造型互相渗透的教学方式，相互比较的同时还能够明确剖析虚拟造型与现实造型的不同特质，帮助读者运用虚拟造型结合现实造型进行对比、分析和理解，使读者进一步明确虚拟造型与现实造型之间的特殊关系，并且能够更直观地体现出两者之间的利弊与特点。

本书共 7 章内容，分别如下。

第 1 章　三维软件概述，通过数字虚拟空间与现实空间的相互对照，使初学者直观地了解 Maya 软件及其应用领域的一些基础知识。

第 2 章　初识 Maya，介绍关于 Maya 软件界面、系统设置、基本操作的知识，以及常用工具的使用方法。

第 3 章　Maya 多边形建模技术，由浅入深地讲解 Maya 多边形建模技术，并通过对自行车的建模，使读者更深入地理解各种工具的使用方法。

第 4 章　NURBS 建模技术，介绍 Maya 强大的 NURBS 建模技术，通过电动车车轮建模讲解 NURBS 曲线和曲面的创建等基础知识。

第 5 章　Maya 材质与贴图，讲解 UV 与造型原理，以及材质和贴图原理。

第 6 章　Maya 灯光、镜头及渲染，讲解 Maya 灯光和摄影机的运用，以及渲染设置和批量渲染等知识。

第 7 章　Maya 动画，介绍动画原理、骨骼绑定、绘制权重和二足四足动物的运动规律。

　　本书在内容上针对动画创作的特点把握三维软件学习的核心与重点，通过举一反三的案例制作和深入浅出的理论讲解帮助读者学习三维软件的主要内容，夯实造型基础，读者只需跟着案例进行练习，便可掌握 Maya 这款大型三维软件的使用方法。

　　本书由余春娜编著，李兴、刘晓宇、高思、王宁、杨宝容、杨诺、白洁、张乐鉴、张茫茫、赵晨、赵更生、马胜、陈薇等人也参与了部分编写工作。

　　由于作者水平所限，书中难免有疏漏和不足之处，恳请广大读者批评、指正。

　　本书提供了所有案例的项目文件、教学视频、PPT 教学课件和教学大纲等立体化教学资源，并赠送 72 节 Maya 动画教学视频。读者可扫描下面的二维码，推送到自己的邮箱后下载获取（注意：请将该二维码下的几个压缩文件全部下载完毕后再进行解压，即可得到完整的文件）。

编　者

目录

| 第 1 章 | 三维软件概述 | 1 |

1.1 数字虚拟空间原理 ……………………2

1.2 虚拟造型与色彩 ……………………3

1.3 三维软件应用范围 ……………………3

1.4 如何应用三维软件 ……………………4

| 第 2 章 | 初识 Maya | 5 |

2.1 选择 Maya ……………………6

2.2 Maya 界面结构 ……………………6

2.3 Maya 界面操作和布局 ……………………10

    2.3.1 视图的操作方法 ……………………10

    2.3.2 视图的布局 ……………………12

    2.3.3 摄像机视图 ……………………12

    2.3.4 光照和纹理显示 ……………………13

2.4 Maya 项目文件的创建和管理 ……………………14

| 第 3 章 | Maya 多边形建模技术 | 15 |

3.1 Polygons(多边形) 基础知识 ……………………16

    3.1.1 Polygons的概念 ……………………16

    3.1.2 Polygons建模的常用命令 ……………………16

3.2 应用案例——雪人建模 ……………………20

3.3 应用案例——自行车建模 ……………………22

    3.3.1 创建参考图 ……………………22

    3.3.2 制作前车架 ……………………23

    3.3.3 制作车架 ……………………24

    3.3.4 制作轴轮 ……………………27

    3.3.5 制作曲柄 ……………………31

    3.3.6 制作脚蹬 ……………………32

    3.3.7 制作后叉 ……………………35

    3.3.8 制作支架链接 ……………………36

    3.3.9 制作支架 ……………………37

    3.3.10 制作辐条与轮胎、轮辋、飞轮 ……………………40

    3.3.11 制作前叉、前叉合件、前轮胎与前辐条 ……………………42

    3.3.12 制作车把 ……………………43

    3.3.13 制作鞍座 ……………………44

    3.3.14 制作车闸 ……………………44

    3.3.15 制作前后挡泥板、车架链接、链条等零件 ……………………46

3.4　软件功能与造型能力 ·············48

3.5　非生物模型拆分与规律 ·············49

3.6　生物模型布线与规律 ·············50

3.7　应用案例——巨蜥建模 ·············51
　　3.7.1　创建参考图 ·············51
　　3.7.2　创建主体 ·············51

3.8　应用案例——古代小女孩建模 ·············55
　　3.8.1　创建参考图 ·············55
　　3.8.2　制作头部 ·············55
　　3.8.3　制作衣服 ·············58
　　3.8.4　制作手部 ·············60
　　3.8.5　制作鞋子 ·············61

课后练习 ·············62

第 4 章　NURBS 建模技术　63

4.1　NURBS 基础知识 ·············64
　　4.1.1　NURBS曲线基础 ·············64
　　4.1.2　NURBS曲面基础 ·············64
　　4.1.3　NURBS曲面精度控制 ·············65
　　4.1.4　NURBS的建模流程 ·············65
　　4.1.5　创建NURBS几何体 ·············65
　　4.1.6　创建NURBS曲线 ·············65
　　4.1.7　Edit NURBS Surfaces
　　　　　（编辑 NURBS 曲面） ·············66
　　4.1.8　创建NURBS曲面 ·············67

4.2　应用案例——绘制吉祥图案 ·············69

4.3　应用案例——制作咖啡杯 ·············71

4.4　应用案例——制作电动车车轮 ·············73
　　4.4.1　创建参考图 ·············73
　　4.4.2　制作轮盘 ·············73
　　4.4.3　制作轮辋 ·············79
　　4.4.4　制作轮胎 ·············80

课后练习 ·············82

第 5 章　Maya 材质与贴图　83

5.1　UV 与造型原理 ···84

5.2　编辑多边形 UV ··85

　　5.2.1　Planar(平面) ··································85

　　5.2.2　Cylindrical(圆柱形) ···················86

　　5.2.3　Spherical(球形) ·························87

　　5.2.4　Automatic(自动) ·······················87

5.3　应用案例——制作骰子纹理贴图 ·······88

5.4　Unfold 3D 角色 UV 展开 ·····················89

　　5.4.1　将Maya中创建完成的模型
　　　　　先导出为OBJ格式 ···················90

　　5.4.2　设置Unfold 3D键盘和鼠标映射 ···91

　　5.4.3　导入并展开UV ·························92

　　5.4.4　在Maya中调整 ························95

　　5.4.5　多边形着色 ·····························97

5.5　材质原理 ··99

5.6　材质球基本属性 ·······························101

　　5.6.1　常用类型的材质 ·····················102

　　5.6.2　材质练习 ·······························106

5.7　材质的观察方法 ·······························109

5.8　应用案例——制作木门拟真
　　材质贴图 ··110

5.9　材质与贴图的关系 ·····························117

课后练习 ···120

第 6 章　Maya 灯光、镜头及渲染　121

6.1　灯光 ··122

　　6.1.1　光与造型之间的关系与原理 ·······122

　　6.1.2　光与色彩之间的关系与原理 ·······123

　　6.1.3　Maya灯光详解 ·······················124

　　6.1.4　人物光 ·································129

　　6.1.5　场景光 ·································137

6.2　镜头 ··144

　　6.2.1　镜头原理 ·······························144

　　6.2.2　Maya摄影机详解 ·····················145

　　6.2.3　静态影像与动态影像构图 ···········148

6.3　渲染 ··149

　　6.3.1　渲染原理 ·······························149

　　6.3.2　Maya渲染详解 ·······················151

　　6.3.3　渲染的常用格式 ·····················152

　　6.3.4　管理渲染及批量渲染 ················152

　　6.3.5　渲染错误的检查方法 ················153

课后练习 ···153

第 7 章 ▶ Maya 动画　154

7.1　动画的物理性原理 ·················155

7.2　Maya 动画原理 ·····················155

   7.2.1　动画技术的基本分类 ·············155

   7.2.2　动画基本界面与命令 ·············156

   7.2.3　小球关键帧动画 ·················159

   7.2.4　编辑关键帧 ·····················161

   7.2.5　Graph Editor(曲线图编辑器)········162

   7.2.6　模拟小球下落 ···················164

   7.2.7　模拟摩天轮运动 ·················167

   7.2.8　动画曲线的循环 ·················169

   7.2.9　路径动画 ·······················173

7.3　骨骼、绑定与权重 ··············175

   7.3.1　变形器 ·························175

   7.3.2　小球跳跃 ·······················181

   7.3.3　骨骼 ···························187

   7.3.4　人物骨骼绑定及权重 ·············190

   7.3.5　AdvancedSkeleton插件的应用·····200

7.4　角色动画 ·························204

   7.4.1　错帧 ···························204

   7.4.2　小球动画 ·······················206

   7.4.3　人物动画 ·······················208

   7.4.4　四足动物动画 ···················218

课后练习 ·······························228

第 1 章

三维软件概述

本章通过数字虚拟空间与现实空间的相互对比，介绍三维软件的应用领域及如何应用Maya软件，使初学者直观地了解Maya软件和应用领域的基础知识。

本章重点 ★

- 数字虚拟空间原理
- 虚拟造型与色彩
- 三维软件应用范围
- 如何应用三维软件

1.1 数字虚拟空间原理

如今，计算机技术日趋成熟，虚拟空间基本上已经成为真实世界的一个镜像空间。我们在真实世界所能构想和操控的一切，都可以在虚拟空间中得以实现。在真实世界中，我们会受制于各种物理、化学规律或现实因素的影响，但在虚拟空间中却可以作为规则的制定者，去实现现实世界中很难完成的事。所以说，虚拟空间是给予应用者更大自由度的可控制空间。

在进入或者应用这一虚拟空间之前，首先要提醒大家的是，需要明白自己使用这个空间要做什么。通过教学和大量实践我们发现，太多软件应用从业者迷失在各种软件之中，却从未思考过这个问题。正是因为对这个命题还没想清楚就开始去学习应用，才导致了最大问题的发生。现实是个空间，虚拟也是个空间，你来到这里就要准备好，并去思考在这里要做什么，如图1-1所示。

◀ 图1-1

在真实世界中，每个人都有自己的职业定位，可能是医生、教师、建筑设计师或者是科研工作者等。人们所从事的一切工作或活动都与这个世界息息相关，都是在自己的岗位上通过劳动来改变这个世界，控制世界上一切可以控制的事物发展变化，包括形体上的、色彩上的，甚至是事件上的、情感上的。

在虚拟空间中，我们几乎可以设计出全部的场景。例如，建筑设计师可以通过在虚拟空间中设计并盖出一座大厦，如图1-2所示；地图测绘员可以在虚拟空间中绘制出整个地球上的行车路线，然后应用到汽车的GPS(全球定位系统)导航上，如图1-3所示。

◀ 图1-2

◀ 图1-3

对于一个建筑设计师来说，虚拟空间就是他的施工场地，一个人可以坐在计算机前控制"万丈高楼平地起"的壮观场面；对于一个医生来说，虚拟空间就是他的手术台，他可以通过研究人体的任何部分去分析病因，如图1-4所示；同样，对于一个导演来说，虚拟空间就是他的片场，他对所有设备与人员的调控都可以在计算机上展现，如图1-5所示。

 图1-4 　　　　　　　　　　　　　　　　 图1-5

　　还有一类人就是科研工作者，他们不断地探索这个现实世界是怎样的，不断地了解和分析其中的规律，然后在计算机中模拟一个现实的翻版来供各行各业的人使用。

　　本书作为一本针对动画与视觉媒体艺术类从业者的入门书，希望读者知道掌握三维技术其实并不难，引导读者在打好基础后具备举一反三的能力，再自由地发挥创意。所以，本书并未全面涉及所有的应用技术，而是通过多年的创作实践选取了使用频率较高、能对创作产生直接影响的技术手段进行讲解。

1.2　虚拟造型与色彩 🔍

　　虚拟造型与色彩，单从字面上看感觉比较虚幻，实则对于应用者来说，想要理解其中的原理并不难，真实空间中的造型与色彩经验都可以在虚拟空间中得以无缝转换。在2000年左右，由于软硬件的限制，那时的计算机图形技术还比较落后，软件应用者在虚拟空间中甚至需要手动输入空间的数字坐标来控制一个物体的位置及改变其外形。而如今随着技术的成熟，无论用户是在Photoshop类的平面软件中绘制一幅作品，还是在三维软件中靠灯光贴图来构造一个场景，直观的操作都变得很简单。总的来说，在真实世界里学到的造型与色彩原理都可以在虚拟空间中得到应用，它们没有本质的区别，仅仅是应用手段上略有不同，稍加练习即可上手。所以，本节对造型与色彩的基本原理问题不做具体讨论。

　　需要注意的是，软件中没有造型、没有色彩，它仅仅是一个工具。这就像一个简单的绘图原理，能否画出一张像样的画，只研究画笔没有用。即使软件涉及的全部功能用户都学会了，如果不对造型、色彩基础进行深入的学习，还是无法做出足够好的作品。

1.3　三维软件应用范围 🔍

　　如同之前讲到的一样，虚拟空间是以现实世界为依据创造出来的一个翻版，因此它所能达到或触及的领域非常广泛。

三维软件可具体应用于建筑业、电影业、电视业、动画产业、汽车工业、气象、医疗及制药、市政规划、灯光照明、家用产品、电子游戏、服装、展会、GPS导航、环境设计、教育、仓储、运输、企业管理、现代艺术等领域，它的延展范围非常广。图1-6为使用三维软件的效果。

不过，我们还是要清楚地意识到，学会了使用三维软件并不代表就能从事以上所有行业，它只能作为一个工具来辅助你的行业应用。

 图1-6

1.4　如何应用三维软件

我们经常看到初学绘画的人，喜欢把全部的绘画工具都买下来，大、中、小号的画笔十几种全部备齐，各种颜料、各种油与调色剂，恨不得把整个美术用品店的材料全买下来。在开始绘画之前，将所有颜色按渐变逐个挤上，画笔按大小逐个摆上，双手可及之处都是工具和颜料。

然而，一旦真的开始画了，过不了多长时间他的画面就会陷入混乱。原因很简单，他将所有的工具与颜料都在画布上试了个遍，这种没有主次的方法不能展现画的主旨。

我们见过成熟画家的调色盘，往往是使用的原色种类并不多，画笔也就那么几支，但是你可以看到经过艺术家之手后调色盘上的颜色是那么丰富多彩、充满变化，画面更是细腻而富有层次。

学习三维软件也是同样的道理，每个命令模块就好比美术用品店的材料，如图1-7所示。它们都有主次关系，需要互相协调配合。理解单独的命令并不难，但能深入应用好命令之间的关系却尤为重要。因此，一开始在没有充分了解命令之间的关系时，需要逐级掌握、熟练运用，逐步增加应用命令的范围。好像下围棋一样，不要急于将所有棋子铺满，它们之间的逻辑关系大于你所看到的点。经常会看到一种人，他可以在短期内熟悉Maya、3ds Max、XSI、Nuke、After Effects等软件，你问他任何一个命令他都可以迅速找到，但你让他做出个具体的材质，却无法做到。

图1-7

在学习的过程中也要注重类似于"意在笔先"的道理，先掌握一部分命令，开始制作你想要的作品，在做的过程中首先要思考最终的效果，然后根据这种效果到软件中去寻找你所需要使用的命令。这样，随着你的作品效果的逐渐显现，你对相应的命令也得以掌握，同时也提高了作品的水准。

第 2 章

初识 Maya

本章主要讲解Maya软件界面、Maya界面操作、软件基本操作、Maya项目文件的创建和管理等知识，以及常用工具的使用方法。

本章重点

- 选择Maya
- Maya界面结构
- Maya界面操作和布局
- Maya项目文件的创建和管理

2.1 选择Maya

关于Maya与3ds Max、XSI等几大三维设计软件强弱对比的争论，从软件诞生那天起，就从来没有停止过。其实这几款软件的基本功能都差不多，初学者没必要纠结于软件的选择，任何一款软件运用得当都将最大限度地发挥出你的创造力。经历过Maya的学习过程，你也将逐渐发现Maya与其他软件命令的相似之处。

在这里稍微谈及一些Maya的应用感受，从整体上说该软件中的模块分类很清晰，没有太强大的一键式命令，但可调节性和自由度很高，因此依靠操作者自行组合运用的强度就比较大。学习Maya是先易后难，它会强迫你进行思考再操作，在经过不断地学习和运用之后，你会形成一套自己和Maya进行交流的方式，在这个过程中每个人都会有属于自己的方法。可以说，Maya是一款比较偏重于塑造个性化操作的软件，如图2-1所示。

图2-1

所以，本书将介绍一些基本的核心命令模块，但之后如何深层次地运用则需要用户进行大量的练习和思考。

2.2 Maya界面结构

正确安装Maya软件后，双击桌面上的Maya图标，打开Maya界面，如图2-2所示。

图2-2

1–Title Bar(标题栏)   2–Menu Bar(主菜单)   3–Status Line(状态行)

4–Shelf(工具栏)   5–Tool Box(工具箱)   6–Quick Layout(快速布局按钮)

7–Time Slider(时间滑块)   8–Range Slider(范围滑块)   9–Command Line(命令行)

10–Help Line(帮助行)   11–View Menus(面板菜单)   12–Channel Box(通道栏)

13–Workspace(工作区)   14–Layer Editor(层编辑器)

1. 标题栏

Maya目前的版本对中文名称的支持并不十分完善，建议在使用时，避免中文路径和中文名称的出现，如图2-3所示。

图2-3

2. 主菜单

Maya的命令有很多，不能同时显示全部命令，所以用分组的形式显示。用户可以切换不同的菜单组，菜单内容会发生相应的变化，但是公共菜单部分和最后一个菜单是固定不变的，如图2-4所示。

图2-4

✳ File(文件)菜单：用于文件的管理。

✳ Edit(编辑)菜单：用于对象的编辑。

✳ Create(创建)菜单：创建一些常见的对象，如几何体、摄像机、灯光等。

✳ Select(选择)菜单：用于对象的选择。

✳ Modify(修改)菜单：提供对象的一些修改功能，如冻结变换、轴心点、属性等操作。

✳ Display(显示)菜单：提供与显示有关的所有命令。

✳ Windows(窗口)菜单：用于打开各种类型的窗口和编辑器。

注　意

(1) 除了Help(帮助)菜单外，在展开的菜单中单击顶部的双横线，每个菜单都可以单独拆下，变为活动命令面板，方便一些命令的反复使用。

(2) 如果命令后边有小框的标记，单击标记可以设置参数。

3. 状态行

状态行包含菜单组切换和一些视图操作时的工具按钮，如图2-5所示。

模块切换　　　　文件　　　　选择选项　　选择遮罩按钮　　　　　吸附按钮　　　　　　　　　　　渲染按钮

图2-5

从模块切换中可以选择不同的菜单组，分别是Modeling(建模)、Rigging(装备)、Animation(动画)、Dynamics(动力学)、Rendering(渲染)和Customize(自定义)。

4. 工具栏

工具栏中放置了一些常用工具及自定义项目的集合。通过创建自定义工具栏，可以把常用的工具和操作组织在一起，还可以把各种操作语言作为命令工具放置在工具栏中，以简化操作过程，如图2-6所示。

图2-6

5. 工具箱

工具箱中包括几个使用较频繁的操作工具和视图布局按钮，其中的选择、移动、旋转、缩放功能，以及显示操纵器这几个常用工具的快捷键为Q、W、E、R、T，按键即可快速切换到这些工具，如图2-7所示。

6. 快速布局按钮

快速布局按钮在工具箱下边，这些按钮可以实现窗口布局的快速切换，如图2-8所示。

选择工具

套索工具

笔刷工具

移动工具

旋转工具

缩放工具

透视图

四视图

前视图/透视图

大纲

图2-7　　　　　　　　　　　　图2-8

7. 时间控制器

在制作动画时经常需要调整时间，例如，修改当前时间、修改时间范围、播放动画等。其中，Time Slider(时间滑块)、Range Slider(范围滑块)和Playback Controls(播放控制器)，可以从动画控制区快速地访问和编辑动画参数，如图2-9所示。

范围起始时间　　　　　　　　　　　　　　　　　　　　范围结束时间　　　　当前时间帧　缓存播放　动画参数

时间轴起始时间　　　　　　时间范围滑块　　　　　　　时间轴结束时间　　时间滑块书签　　　　　循环　音量　关键帧

图 2-9

★ ◄◄ ►►：Go to Star(跳到时间范围起始帧)/Go to End(跳到时间范围结束帧)。

★ ◄ ►：Step Back Frame(上一帧)/Step Forward Frame(下一帧)。

★ ◄◄ ►►：Step Back Key(上一关键帧)/Step Forward Key(下一关键帧)。

★ ◄ ►：Play Forwards(倒放动画)/Play Backwards(播放动画)。

★ 🔁 Auto Keyframe Toggle(自动关键帧切换)：会为对象的指定参数自动记录关键帧，在刚开始使用时要手动记录第1个关键帧，这样系统才会知道要对哪几个参数记录关键帧，而不是全部记录。

★ 🔧 Animation Preferences(动画首选项)：打开 Maya首选项设置对话框，可以设置播放速度、播放速率等。

8. 命令行

命令行用来运行Maya的MEL命令或脚本命令。MEL栏分为两部分，左边的是输入栏，用来输入命令，右边的用于显示系统的回应、错误消息和警告等，如图2-10所示。

输入带有所需参数的MEL命令　　　　　　　　命令响应　　　　　　　脚本编辑器按钮

图 2-10

9. 面板菜单

每个视图上方都有一个面板菜单，其中包含与视图有关的菜单命令，如图2-11所示。

　　　　　　　　　　面板菜单　　Viewport 2.0 屏幕上的效果按钮　"X 射线" 按钮

View Shading Lighting Show Renderer Panels

视图按钮　　　　摄影机设置按钮　　　着色按钮　　照明按钮　　　隔离选择　　　　颜色管理按钮

图 2-11

10. 通道栏

使用通道栏不但可以快速访问所选节点的属性，而且可以修改相关参数，如图2-12所示。通道栏还记录了当前选择对象的大量数据信息，包括位置、历史等。

图 2-12

11. 工作区

工作区是在Maya操作中完成各项工作的重要区域，打开Maya时，默认状态下工作区显示为透视图。用户可以根据自己的需要改变工作区的面板布局。工作区中每个面板或视图都有各自的菜单，用来从各个角度显示场景和模型，也可以显示不同的编辑窗口，如图2-13所示。

◁ 图2-13

12. 层编辑器

Layer(层)有两种类型：Display(显示层)和 Anim(动画层)。

Display(显示层)是一个对象集合，可以快速地选择、隐藏或者以模板形式分离场景中易混淆的对象，专门用于设置对象在场景视图中的显示方式。

Anim(动画层)可以非破坏性地创建和混合各阶段的动画，创建一个层来管理新的关键帧动画，也可以在原有动画的基础上继续新增关键帧且不影响原有的动画曲线。

使用层可以将对象进行分组管理，在视图中很容易将其隐藏，并可以将它作为模板，或者单独对它们进行渲染。在Layer Editor(层编辑器)中可以创建层、将对象添加到层中、使层可见或不可见等。单击第一列指示器V可以显示或隐藏层；单击第二列指示器P表示在播放期间该层是可见的，关闭P可在播放期间隐藏该层；单击第三列指示器可以将显示类型切换为Template(T)[模板]、Reference(R)[参考]或Normal(空白)[标准]；双击第四列指示器可以从调色板中进行查看和选择，如图2-14所示。

◁ 图2-14

2.3 Maya界面操作和布局 🔍

2.3.1 视图的操作方法 »

在工作区内，物体不动，通过当前摄像机可以调整画面，基本的操作方法是，将键盘上的Alt键配合鼠标左键、中键和右键组合使用。其他非空间视图窗口同样适用，如Graph Editor(曲线图编辑器)、Render Editor(渲染编辑器)、Hypershade(材质编辑器)等。

工作区的透视图中两条黑色线相交的点为世界坐标中心，三色的坐标分别为视图空间的3个轴向，如图2-15所示。

图2-15

1. 旋转视图界面

通过Alt键+鼠标左键在工作区内可以进行当前摄像机角度的旋转。透视图适用，其他非透视视图与非空间视图窗口不可用。

注 意

Alt键+鼠标左键只能在透视图中操作。

2. 平移视图界面

通过Alt键+鼠标中键在工作区内可以进行当前摄像机横向与纵向的轴移。

3. 推拉视图界面

通过Alt键+鼠标右键在工作区内可以进行当前摄像机的推拉。鼠标由左向右滑动为拉近镜头，工作区视图放大；反之，鼠标由右向左滑动为推远镜头，工作区视图缩小。

4. 框显当前选择(Frame Selection)

选中对象物体后，在工作区内按键盘上的快捷键F，当前被选中的对象物体在当前视图内会最大化显示，适用于多种视图窗口，例如Graph Editor(曲线图编辑器)、Render Editor(渲染编辑器)、Hypershade(材质编辑器)等。

5. 框显全部(Frame All)

快捷键为在工作区内按键盘上的A键，当前视图显示所有对象，使所有对象最大化。

6. 上一个视图(Previous View)/下一个视图(Next View)

在工作区视图内进行旋转、平移和推拉操作时，按键盘上的[键和]键可返回到上一个摄像机视图或下一个摄像机视图。

2.3.2 视图的布局 »

Maya中所有的视图都对应了一个摄像机，Maya内置了4个摄像机，Persp为一个透视摄像机，Top、Front和Side为3个正交摄像机。它们的切换命令在Panels(面板组)｜Layouts(布局)视图菜单中，如图2-16所示。

系统默认的视图为Persp(透视图)单屏显示，这是Maya特有的一种显示布局，只要将光标箭头放置在某个视图上，快速按下空格键，即可恢复原来的划分视图。

图2-16

2.3.3 摄像机视图 »

在Maya中通常使用透视图和正交视图的摄像机来观看场景。透视摄像机可以通过在视图中翻转、跟踪和平移的方法来调整；正交视图没有透视，和透视图不同，在正交视图中不能控制本身的旋转，并且摄像机在推拉运动时场景没有透视变化。

1. 透视图

用户可以通过摄像机来观察场景，摄像机的位置、方向和属性决定了通过摄像机所看到的视图。用户可以切换到透视图，也可以创建新的透视图。

(1) 切换到透视图

执行Panels(面板组)｜Perspective(透视图)命令，并选择合适的摄像机视图。

(2) 创建新的透视图

创建新的透视图，从几个不同的透视图查看对象是非常有用的。

执行Panels(面板组)｜Perspective(透视图)｜New(新视图)命令，新建一个摄像机，如图2-17所示。

图2-17

2. 正交视图

3个正交摄像机分别从Top(顶)视角、Front(前)视角和Side(侧)视角来显示三维工作空间，这些视图没有景深变化。

(1) 切换到正交视图

执行Panels(面板组)｜Orthographic(正交视图)命令，选择Top、Front或Side命令来激活正交视图。

(2) 创建新的正交视图

执行Panels(面板组)｜Orthographic(正交视图)｜New(新视图)命令，并选择一个新的视图，Maya将新创建的正交视图作为当前视图，如图2-18所示。

图 2-18

2.3.4 光照和纹理显示

1. 操作方法

✱ Lighting(照明)｜Use Default(使用默认光)：使用默认灯光将视图中的对象照亮。

✱ Lighting(照明)｜Use All Light(使用全部灯光)：使用场景内的所有灯光照亮曲面。

✱ Lighting(照明)｜Use Selected Lights(使用选择灯光)：在视图和Render View(渲染视图)窗口中使用已选择的灯光照亮曲面。

✱ Lighting(照明)｜Two Sided Lighting(双面照明)：打开该项，照亮对象的两面，即对对象内表面也进行照亮处理，当摄像机放置在对象内部时也可以看到照亮效果。

2. 常用显示快捷键

✱ 快捷键1为低质量显示模式，如图2-19所示。

✱ 快捷键2为中质量显示模式，如图2-20所示。

✱ 快捷键3为高质量显示模式，如图2-21所示。

✱ 快捷键4为网格显示模式，如图2-22所示。

图 2-19　　　　　　图 2-20　　　　　　图 2-21　　　　　　图 2-22

✱ 快捷键5为实体显示模式，如图2-23所示。

✱ 快捷键6为纹理显示模式，如图2-24所示。

✱ 快捷键7为灯光显示模式，如图2-25所示。

图 2-23　　　　　　图 2-24　　　　　　图 2-25

2.4 Maya项目文件的创建和管理 🔍

　　项目(Project)是集合了所有和Maya文件有关的场景文件,包括工程文件、纹理贴图、声音、渲染图、特效与动画缓存等。在制作的过程中,场景所有涉及的路径和目录都为当前项目的子目录,保存场景文件或其他文件时会自动保存到项目所在路径的子目录中,方便制作的同时也整合文件。图2-26为项目窗口。

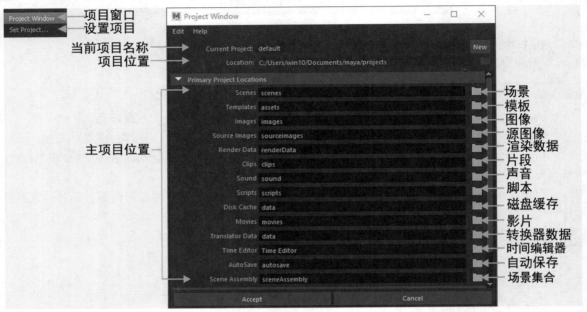

◁ 图2-26

1. 创建新项目

STEP 1 执行File(文件)│Project Window(项目窗口)命令,打开项目窗口,单击 New 按钮,在Current Project(当前项目)文本框中输入项目名称。

STEP 2 单击 ■ 按钮,选择项目位置。

STEP 3 单击 Accept 按钮,项目文件创建完成。

2. 设置项目

STEP 1 执行File(文件)│Set Project(设置项目)命令。

STEP 2 选择项目名称。

STEP 3 单击 Set 按钮,设置项目完成。

3. 保存场景

STEP 1 选择File(文件)│Save Scene(保存场景)命令。

STEP 2 在File Name(文件名称)文本框中输入场景名称。

STEP 3 单击 Save As 按钮,场景保存完成。

第 3 章

Maya 多边形建模技术

本章由浅入深地讲解Maya多边形建模技术，并通过对自行车各部位零件的建模组合，以及制作复杂的动物模型，使读者更为深入地理解各种工具的使用方法。

本章重点

- Polygons(多边形)基础知识
- 应用案例——雪人建模
- 应用案例——自行车建模
- 软件功能与造型能力
- 非生物模型拆分与规律
- 生物模型布线与规律
- 应用案例——巨蜥建模
- 应用案例——古代小女孩建模

3.1 Polygons(多边形)基础知识

多边形是在Maya中创建计算机三维模型的一种几何形体，Maya的三维建模方式包括多边形(Polygons)曲面、NURBS曲面和细分(Subdiv)曲面。多边形在计算机三维动画中运用广泛，是一种常用的构建模型的方式。

多边形是直边形状(3条边或3条边以上)，是由点和连接它们的边定义的。多边形的内部区域称为面。点、边和面是多边形的基本组件，使用这些基本组件可以选择和修改多边形。

使用多边形建模时，通常使用四边多边形(也称为四边面)，少数部分会使用到三边多边形(也称为三边面)。Maya还支持使用四边面以上的边创建多边形，但不常用于建模。

3.1.1 Polygons的概念

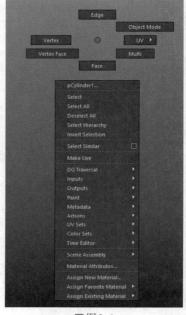

Polygons是由顶点和边定义的，可以说它是由一系列三边或多边的空间几何表面构成的。它可简单分为点、线、面3个子级别，多边形建模就是通过调整点、线、面，达到最终想要的模型效果。

多边形可以选择使用的元素有Vertex(顶点)、Edge(边)、Face(面)、UV坐标和顶点面，很少情况下同时选择多种元素，而是每次只对其中的一种进行操作。

在Maya中新建一个几何体，选中模型，单击鼠标右键，会弹出相应的快捷菜单，如图3-1所示。

在快捷菜单中分别选择Edge(边)、Vertex(顶点)、Face(面)，可以对模型进行调整，如图3-2所示。

* 选择Edge(边)的快捷键为F10。
* 选择Vertex(顶点)的快捷键为F9。
* 选择Face(面)的快捷键为F11。
* 选择Object Mode(对象模式)的快捷键为F8。

◀ 图3-1

Edge(边)

Vertex(顶点)

Face(面)

◀ 图3-2

3.1.2 Polygons建模的常用命令

1. Create Polygon Tool(创建多边形工具)

执行Mesh Tools(网格工具)│Create Polygon (创建多边形)命令，绘制一个平面多边形，如图3-3所示。

2. Extrude(挤出)

Extrude(挤出)命令可以将面或边挤出厚度。

选择多边形面，执行Edit Mesh(编辑网格)｜Extrude(挤出)命令，对面进行挤出，使其产生厚度，如图3-4所示。

◀ 图3-3   ◀ 图3-4

3. Bevel(倒角)

Bevel(倒角)命令可以平滑粗糙的拐角和边界，就是用孤独面取代相邻边。

选中模型，单击鼠标右键，在弹出的菜单中选择Edge(边)命令，然后选择需要倒角的边，执行Edit Mesh(编辑网格)｜Bevel (倒角)命令，如图3-5所示。选中模型，在属性编辑器中可以设置倒角参数。

倒角前   倒角后

◀ 图3-5

4. Booleans(布尔运算)

Booleans(布尔运算)根据表面间的相互关系来决定操作对象保留哪一部分。其共有3种运算方式：Union(并集)、Difference(差集)和Intersection(交集)，如图3-6所示。

初始状态   Union(并集)   Difference(差集)   Intersection(交集)

◀ 图3-6

✴ Union(并集)：用于计算出两个结合体合在一起的状态。

✴ Difference(差集)：从第一个对象中减去第二个对象，计算结果与选择顺序有关。

✴ Intersection(交集)：只保留两个对象共有的部分。

5. Multi-Cut(多切割)

Multi-Cut(多切割)命令可以在模型上自由地添加新的点、线和面,也是建模布线中常用的工具。

选中模型,执行 Mesh Tools(网格工具)│Multi-Cut(多切割)命令,在模型上自由地添加点或线,按Enter键添加成功,如图3-7所示。用户可以单击Multi-Cut(多切割)后边的小方框,设置捕捉磁体数和磁体容差参数。

6. Insert Edge Loop(插入循环边)

Insert Edge Loop (插入循环边)命令可以在多边形上插入一条新的环状线。

选中模型,执行Mesh Tools(网格工具)│Insert Edge Loop (插入循环边)命令,在模型上添加循环边,如图3-8所示。

◀ 图3-7　　　　　　　　　　　　　　　　　　　　◀ 图3-8

7. Merge(合并)

Merge(合并)命令可以将两个以上的点合并为一个点。

框选模型的两个点,执行Edit Mesh(编辑网格)│Merge(合并)命令,两个点合并成一个点,如图3-9所示。

◀ 图3-9

8. Combine(结合)

Combine(结合)命令可以使多个独立的Polygons模型结合为一个独立的Polygons模型。

选择两个模型,执行Mesh(网格)│Combine(结合)命令,两个模型结合为一个独立的模型,如图3-10所示。

图 3-10

9. Fill Hole(填充洞)

Fill Hole(填充洞)命令可以填充Polygons模型出现的缺口。

选择需要填充面四周的线，执行Mesh(网格)｜Fill Hole(填充洞)命令，模型的缺口就会被填充，如图3-11所示。

图 3-11

10. Smooth(光滑)

Smooth(光滑)命令可以增加低精度模型面的倍数，从而达到使模型光滑的目的。

选中模型，执行Mesh(网格)｜Smooth(光滑)命令，增加模型的面数，使模型更加光滑，如图3-12所示。用户可以单击Smooth(光滑)后边的方框设置其参数，达到想要的效果。

图 3-12

|3.2 应用案例——雪人建模 🔍

STEP 1 执行File(文件)｜New Scene(新建场景)命令，新建一个场景。

STEP 2 单击⬤按钮，创建一个多边形球体，按5键实体显示，如图3-13所示。

STEP 3 选择球体，按快捷键Ctrl+D复制一个多边形球体，按快捷键W将其移动到多边形球体上方，按快捷键R将复制的多边形球体的3个轴向同时缩小到雪人头部大小，略比作为身体部分的多边形球体小一些，如图3-14所示。

STEP 4 按快捷键Ctrl+D继续复制多边形球体，按快捷键W将复制的多边形球体移动到雪人头部的前方，然后继续将复制的多边形球体缩小(按快捷键R)到雪人眼睛的大小，移动到雪人左眼位置。使用相同的方法制作雪人的右眼，如图3-15所示。

◀ 图3-13

◀ 图3-14

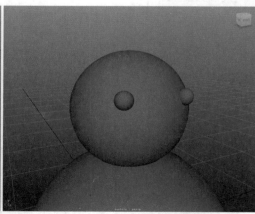
◀ 图3-15

STEP 5 单击🔺按钮，创建一个多边形圆锥体，移动位置、旋转角度并调整大小到合适状态，作为雪人的鼻子，如图3-16所示。

STEP 6 单击 ▦ 按钮，创建一个多边形圆柱体，移动位置并调整大小到合适状态，作为雪人的帽子，使用快捷键E将多边形圆柱体向右旋转X轴20°，再复制出一个多边形圆柱体，整体放大一些然后再缩小Y轴，将其压扁作为帽子的帽檐部分，如图3-17所示。

STEP 7 单击 ▦ 按钮，创建一个多边形球体，缩小且压缩Y轴成圆盘状，作为雪人的扣子部分，移动到雪人身体前方并旋转到合适角度紧贴身体，再复制两个，依次移动旋转至合适位置，如图3-18所示。

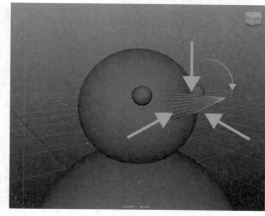

◀ 图3-16

STEP 8 单击 ▦ 按钮，创建一个多边形圆柱体，设置Scale X、Scale Y、Scale Z轴参数为0.05、0.50、0.05，移动并旋转到左手臂位置并调整到合适状态，按快捷键Ctrl+D复制一个，移动并旋转到右边作为右手臂，制作完成，如图3-19所示。

STEP 9 执行File(文件) | Save Scene(保存场景)命令，在File Name(文件名称)文本框中输入Snow_Boy，单击 Save As 按钮保存场景。

◀ 图3-17

◀ 图3-18

图3-19

3.3 应用案例——自行车建模

3.3.1 创建参考图

STEP 1 ▶ 执行File(文件) | New Scene(新建场景)命令，新建一个场景，也可以按快捷键Ctrl+N，单击Don't Save(不保存)按钮，不保存当前场景。

STEP 2 ▶ 按空格键切换到侧视图，在侧视图面板菜单中执行View(视图) | Image Plane(图像平面) | Import Image(导入图像)命令，在弹出的对话框中选取自行车参考图，单击Open(打开)按钮导入图片，如图3-20所示。

图3-20

STEP 3 ▶ 按快捷键Ctrl+A打开图像属性编辑器，更改imagePlaneShape1(图像平面形状) | Placement Extras(放置附加选项)选项区中的参数，设置Image Center(图像中心)为-10、15、0，Width(宽度)为30，Height(高度)为30，如图3-21所示。

STEP 4 ▶ 执行File(文件) | Save Scene(保存场景)命令，保存场景文件名为Bicycle。

◀ 图3-21

3.3.2 制作前车架 ≫

STEP 1 单击🔲按钮，创建一个立方体，按5键实体显示，移动位置(快捷键W)与缩放大小(快捷键R)到与参考图相符，单击鼠标右键，在弹出的菜单中选择Face(面)命令，选取两端的面并删除，如图3-22所示。

◀ 图3-22

STEP 2 选中模型，执行Edit Mesh(编辑网格)│Bevel(倒角)命令，更改通道栏内的倒角参数，设置Offset(偏移)为0.3，使新增面缩小，如图3-23所示。按3键平滑网格预览，如图3-24所示。

图3-23

图3-24

提 示

倒角(Bevel)命令可以对多边形网格的边或面进行切角圆滑，通过将每个顶点和每条边扩展到一个或多个新的面来进行圆滑，这些面会偏移原始边的位置，改变命令选项可沿着指向原始面中心的方向缩放面。

常用参数有：①Offset(偏移)用于缩放扩展后新的面的大小与距离；②Segments(分段)用于增加倒角边圆滑段数。

3.3.3 制作车架 »

STEP 1 单击 按钮，创建一个立方体，移动位置(按快捷键W)与缩放大小(按快捷键R)到合适状态，执行Mesh Tools(网格工具)｜Insert Edge Loop(插入循环边)命令，在需要挤出的部分插入两条新的循环边，单击鼠标右键，在弹出的菜单中选择Face(面)命令，如图3-25所示。选取所需挤出的面，单击 按钮依次按照参考图挤出这两个面，调整位置与大小，如图3-26所示。

◀ 图 3-25

◀ 图 3-26

STEP 2 衔接部分的原理一样，但是可以分为两种方法制作，如图3-27所示。

方法一：在挤出的部分插入新的循环边，选择面，依照参考图向下挤出，使用插入循环边工具在模型右边部分增加新的循环边，选择新增面向左挤出，如图3-28所示。

◀ 图 3-27

◀ 图 3-28

在模型左边部分插入循环边，使边的数量相对应，将模型右边部分挤出的面调整至边与边重合，重合后的两个面为多余的，将其删除，并框选相邻两个点，单击▦按钮将其余3对相邻的点合并，如图3-29所示。

◀ 图 3-29

方法二：执行Mesh Tools(网格工具) | Insert Edge Loop (插入循环边)命令，在选定位置插入3条新循环边，将多余的面删除。按住Shift键加选需要桥接面的循环边，单击Edit Mesh(编辑网格) |

Bridge(桥接)命令右侧的□按钮，将Divisions(分段)改为0(默认为5)，单击Apply(应用)按钮执行桥接命令，如图3-30所示。

图3-30

桥接(Bridge)是在各对边之间构建面，生成桥接面并合并到原始网格中。边与边之间桥接必须确保选定的边位于同一多边形网格中；每个选中的边与边的数量是相同的(包含非边界边)；与选定边关联的各个面上的法线方向是一致的。

① 边界边的桥接。按住Shift键加选所需要桥接的边界边，执行Edit Mesh(编辑网格)｜Bridge(桥接)命令进行桥接，如图3-31所示。

② 非边界边的桥接。选定需要桥接的非边界边，执行桥接命令，更改通道栏内的命令参数，如图3-32所示。

Linear path(线性路径)改为Smooth path(平滑路径)；增加Divisions(分段)的段数，使桥接出的新增面更加圆滑，如图3-33所示。

图3-31

◀ 图3-32

STEP 3 ▶ 模型完成后按3键平滑网格预览，模型过于平滑
变形，需要在模型转折处插入循环边以约束模型转折的硬
度，在所有转折的地方插入新的循环边。再次平滑网格预
览，模型转折处已被修正而不过于平滑，如图3-34所示。

◀ 图3-33

◀ 图3-34

3.3.4　制作轴轮 ▶▶

STEP 1 ▶ 单击 🔲 按钮，创建一个多边形圆柱体，缩放大小并移动到合适位置，将圆柱体属性
Subdivisions Axis(轴向细分数)设为25(默认为20)，选定多余的面将其删除，只保留1/5的面，如图3-35
所示。

◀ 图3-35

STEP 2 执行Mesh Tools(网格工具)│Multi-Cut(多切割)命令，可以在工具栏中单击 按钮，分割出如图3-36所示的面，将分割出的面删除。

◀ 图3-36

提示

✳ Multi-Cut(多切割)：通过跨面绘制一条线以指定分割位置来分割网格中的一个或多个多边形面。

✳ Snap Step %(捕捉步长%)：指定在定义切割点时使用的捕捉增量，默认值为25%。

✳ Cut/Insert Edge Loop Tool(切割/插入循环边工具)：包括Smoothing Angle(平滑角度)、Edge Flow(边流)和Subdivisions(细分数)。

✳ Smoothing Angle(平滑角度)：指定完成操作后是否自动软化或硬化插入的边。如果将Smoothing Angle(平滑角度)设置为180(默认值)，则插入的边将显示为软边；如果将Smoothing Angle(平滑角度)设置为0，则插入的边将显示为硬边，如图3-37所示。

✳ Edge Flow(边流)：启用后，新边遵循周围网格的曲面曲率。

✳ Subdivisions(细分数)：指定沿已创建的每条新边出现的细分数目。顶点将沿边放置，以创建细分，在预览模式中，这些顶点是黑色的，从而帮助用户区分切割点和细分，如图3-38所示。

分割多边形
工具平滑角度=0°

分割多边形
工具平滑角度=180°

◀ 图3-37

Subdivisions = 2

◀ 图3-38

STEP 3 执行Mesh Tools(网格工具)｜Multi-Cut(多切割)命令，添加新的边，删除被分割的面，如图3-39所示。

图3-39

STEP 4 使用多切割命令分割出新的边，如图3-40所示。

STEP 5 选择模型，执行Edit(编辑)｜Delete by Type(按类型删除)｜History(历史)命令，删除历史。在选中模型的状态下，执行Edit(编辑)｜Duplicate(复制)命令(快捷键Ctrl+D)，复制新模型并旋转，更改新模型通道栏内的Rotate Y为72，执行Edit(编辑)｜Duplicate with Transform(复制并变换)命令(快捷键Shift+D)，再连续按快捷键Shift+D 3次，则默认在Y轴上旋转递增72°，如图3-41所示。

图3-40

STEP 6 选定这5个模型，执行Mesh(网格)｜Combine(结合)命令，使其结合为一个模型，选中如图3-42所示的所有边缘点进行缝合。

图3-41

图3-42

STEP 7 选中模型，单击█按钮向外挤出厚度，如图3-43所示。

STEP 8 选择图3-44所示的面，单击█按钮向外进行挤出，使其有一定的厚度作为凸起部分。

STEP 9 选择轴轮侧面的一个边，按住Ctrl键单击鼠标右键，在弹出的菜单中选择Edge Ring Utilities(环形边工具)命令，在子菜单中选择To Edge Ring(环形边)命令并释放鼠标，这样就由选定一个边到选定了整个环形边，如图3-45所示。执行Edit Mesh(编辑网格)｜Bevel(倒角)命令，更改通道栏内的Fraction(分数)为0.6(默认为0.5)，如图3-46所示。

图3-43

图 3-44

图 3-45　　　　　　　　　　　　　　　　　　图 3-46

STEP10 执行Windows(窗口)│Settings/Preferences(设置/首选项)│Preferences(首选项)命令，打开相应的对话框，选择Categories(类别)下的Modeling(建模)选项，取消keep faces together复选框的勾选，单击保存。选择轴轮侧面的一个面，按住Shift键双击鼠标左键，选定相邻边面，则选定整个环形边面，单击 按钮挤出，调整轴轮上齿的形状，如图3-47所示。

图 3-47

STEP11 结合已学方法，参照图片制作轴轮的保护盖，如图3-48所示。

◀ 图3-48

3.3.5 制作曲柄 ▶▶

STEP 1 单击 ▦ 按钮，创建一个圆柱体，移动位置与缩放大小到与参考图相符，选择顶面与底面并向外挤出两次，挤出面的大小逐渐缩小，如图3-49所示。

◀ 图3-49

STEP 2 选择圆柱体下方一半的侧面，执行Edit Mesh(编辑网格)│Extrude(挤出)命令，参照参考图向下挤出曲柄的长度，如图3-50所示。

◀ 图3-50

STEP 3 执行Mesh Tools(网格工具)│Insert Edge Loop (插入循环边)命令，在挤出的面上插入3条新的循环边，切换到点模式，调整新循环边点的位置，循环边大小如图3-51所示。

STEP 4 单击鼠标右键，在弹出的菜单中选择Face(面)命令，切换到面模式，选择如图3-52所示的面，向外移动一定的厚度，制作曲柄凸起的部分。再选中凸起部分的上半部分面，向内移动形成凹陷形状，如图3-53所示。

◁ 图3-51

◁ 图3-52   ◁ 图3-53

STEP 5 ▶ 选择曲柄模型，按3键平滑网格预览，曲柄制作完成，如图3-54所示。

3.3.6　制作脚蹬 ≫

STEP 1 ▶ 单击◆按钮，创建一个多边形平面，在新模型通道栏内的polyplane1选项区中设置Subdivision Width(细分宽度)与Subdivision Height(细分高度)为2(默认为10)，移动位置与缩放大小到合适状态，如图3-55所示。

◁ 图3-54

◁ 图3-55

STEP 2 ▶ 取消勾选Keep Faces Together(保持面的连接)复选框，然后选择所有面，挤出向各个面本身缩小的面，删除挤出的面，如图3-56所示。

◀图3-56

STEP 3 ▶ 勾选Keep Faces Together(保持面的连接)复选框，选择所有面，单击 按钮，向下挤出一定的厚度，如图3-57所示。

STEP 4 ▶ 选择脚蹬模型四角的顶边，执行Edit Mesh(编辑网格)｜Bevel(倒角)命令，将Fraction(分数)更改为1(默认为0.5)，如图3-58所示。

◀图3-57

◀图3-58

STEP 5 ▶ 取消勾选Keep Faces Together(保持面的连接)复选框，选中图中所示的面，单击 按钮缩小挤出的面，再次单击 按钮向模型内部挤出，形成凹槽状，如图3-59所示。

STEP 6 ▶ 执行Mesh Tools(网格工具)｜Multi-Cut(多切割)命令，在模型上添加新的边，如图3-60所示。

STEP 7 ▶ 选择图中所示的面，执行Mesh(网格)｜Smooth(平滑)命令，平滑这些面，设置Divisions(分段)为2(默认为1)，增加这些面的分段，如图3-61所示。

◀ 图3-59

◀ 图3-60

◀ 图3-61

STEP 8 ▶ 保持这些面的选择状态，取消勾选Keep Faces Together(保持面的连接)复选框，执行挤出命令，使这些面向上挤出并缩小形成脚蹬上的防滑部分，然后创建脚蹬与曲柄的连接部分，脚蹬制作完成，如图3-62所示。

STEP 9 ▶ 按快捷键Ctrl+G将脚蹬、曲柄及其两者之间的连接部分群组，按住D键不放单击鼠标左键，选择这个组的坐标中心，将其移动至轴轮的中心点，复制这个组并将其Scale X参数更改为−1，使其镜像翻转，旋转X轴使其与原来组的角度相加为180°，如图3-63所示。

◀ 图3-62

◀ 图3-63

3.3.7 制作后叉 ≫

STEP 1 ▸ 单击█按钮，创建一个多边形圆柱体，移动位置与缩放大小至合适状态，选择并删除多余的面，如图3-64所示。

◀ 图3-64

STEP 2 ▸ 将剩余的面向内挤出，使其有一定的厚度，选择向下的面向下挤出，如图3-65所示。

STEP 3 ▸ 将挤出的部分进行点的调整，使结束部分垂直于世界坐标中心，选择模型边缘循环边，执行Edit Mesh(编辑网格)│Bevel(倒角)命令，使模型边缘更加平滑，如图3-66所示。

◀ 图3-65

◀ 图3-66

STEP 4 在结尾处插入新的循环边以固定模型边缘，在平滑网格预览时不会变形，如图3-67所示。

◀ 图3-67

3.3.8 制作支架链接 »

STEP 1 执行Mesh Tools(网格工具)｜Create Polygon(创建多边形)命令，创建支架的形状。执行Mesh Tools(网格工具)｜Multi-Cut(多切割)命令，分割多边形，使多边形分割边的形状，如图3-68所示，将边相交部分的两个面删除。

STEP 2 选择删除后的网格，将其挤出一定的厚度，再在所有模型转折处插入新的循环边以固定模型，使其在平滑预览显示时不会变形；选择模型，执行Modify(修改)｜Freeze Transformations(冻结变换)命令，使模型属性值还原为默认值，按快捷键Ctrl+D复制出新模型，将通道栏内的Scale X改为-1(默认为1)，使其镜像，如图3-69所示。

◀ 图3-68

◀ 图3-69

3.3.9 制作支架 ▶▶

STEP 1 执行Mesh Tools(网格工具)│Create Polygon (创建多边形)命令，创建自定义多边形，在模型转折处使用交互式分割工具分割多边形。选择模型下部的面进行旋转，结合移动使模型下部有一定的角度转折，如图3-70所示。

STEP 2 挤出模型使其有一定的厚度，再在所有模型转折处插入新的循环边以固定模型，使其在平滑预览显示时不会变形，如图3-71所示。

◀ 图3-70

STEP 3 单击⬡按钮，创建一个立方体，缩放与移动到合适的位置，在模型外侧插入新的循环边，选中向上的面并向上挤出，做出钩状模型，在模型转折处插入新的循环边，平滑网格预览，如图3-72所示。

图 3-71

图 3-72

STEP 4 ► 单击 按钮，创建一个圆柱体，移动位置、旋转角度与缩放大小，调整到合适状态，在模型上端插入两条新的循环边，将上端面缩放为扁圆形。选中下端底面，向世界坐标的水平方向挤出，使支架底端能与地面接触，如图3-73所示。

图 3-73

STEP 5 ► 在支架中段部分插入4条新的循环边，选择如图3-74所示的4个面，执行Edit Mesh(编辑网格)｜Bridge(桥接)命令，更改通道栏内的Curve Type(曲线类型)为Blend(混合)。选择桥接出新的面，缩放大小并开启平滑网格预览，如图3-75所示。

图 3-74

◀ 图 3-75

STEP 6 执行Create(创建)｜Polygon Primitives(多边形基本体)｜Helix(螺旋线)命令，创建螺旋线，设置Coils(圈数)为20(默认参数为3)，Height(高度)为2.5(默认参数为2)，Width(宽度)为0.2(默认参数为2)，Radius(半径)为0.03(默认参数为0.4)，Subdivisions Coil(圈数细分)为8(默认参数为50)，结合移动与旋转操作放置到合适位置，如图3-76所示。

◀ 图 3-76

STEP 7 按空格键切换到侧视图，执行Create(创建)｜Curve Tools(曲线工具)｜EP Curve Tool(EP曲线工具)命令，创建曲线，延伸制作弹簧两端部分与挂钩关联的曲线。切换到透视视图，选择曲线，按住鼠标右键不放，向左拖曳至Control Vertex(控制顶点)后释放，移动调节曲线顶点的位置，使其更符合模型造型，如图3-77所示。

◀ 图 3-77

STEP 8 选择螺旋线顶端的面，按住Shift键加选NURBS曲线执行挤出命令，将通道栏内挤出命令参数Divisions(分段数)设置为10，如图3-78所示。

图3-78

STEP 9 结合以上步骤制作螺旋线的下端，使螺旋线挂钩在支架上，如图3-79所示。

图3-79

3.3.10　制作辐条与轮胎、轮辋、飞轮 ≫

STEP 1 单击 按钮，创建一个圆柱体，更改属性内的Subdivisions Caps(端面细分数)为0(默认为1)，挤出并加循环边制作辐条链接盘，同样使用圆柱体创建辐条，如图3-80所示。

图3-80

STEP 2 选择创建完成的辐条模型，将菜单模块由Modeling(建模)切换成Animation(动画)，执行Deform(变形)｜Lattice(晶格)命令，更改通道栏内的T Divisions(分段数)为2(默认参数为5)，选择晶格，在界面空白处按住鼠标右键不放，向上滑动鼠标选择Lattice Point(晶格点)释放鼠标，选择顶部的晶格点进行位置移动，如图3-81所示。

STEP 3 选择模型，执行Edit(编辑)｜Delete by Type(按类型删除)｜History(历史)命令，删除变形晶格，变形效果保留，按住D键不放并单击鼠标左键，选择这个模型的坐标轴，将其移动至辐条链接盘中心点，选择辐条模型，执行Modify(修改)｜Freeze Transformation(冻结变换)命令，冻结模型的数值，还原归零，在选中辐条模型的状态下，执行Duplicate with Transform(复制并变换)命令(按快捷键Shift+D)进行复制，旋转其X轴60°（手动在通道栏内的Rotate X文本框中输入60），再连续使用复制并变换命令(快捷键Shift+D)4次，则默认在 X轴上旋转递增60°，如图3-82所示。

◀ 图3-81

◀ 图3-82

STEP 4▶ 选择这6根辐条模型，执行Mesh(网格)│Combine(结合)命令，使它们结合为一个网格模型，按住D键不放并单击鼠标左键，选择这个模型的坐标轴，将其移动至辐条链接盘中心点，按快捷键Ctrl+D复制模型，更改复制后模型的Rotate X轴参数为15，Scale Z轴参数为–1，如图3-83所示。

STEP 5▶ 选择所有辐条和链接盘模型，执行Edit(编辑)│Group(分组)命令，将模型群组，也可以按快捷键Ctrl+G，使它们结合为一个组网格模型。按住D键不放单击鼠标左键，选择这个组的坐标轴，将其移动至辐条链接盘中心点，按快捷键Ctrl+D复制这个组，更改复制后组的Rotate X参数为30，Scale X参数为–1，移动X轴让两组的辐条尾端交合在一条线上，如图3-84所示。

◀ 图3-83　　　　　　　　　　　　　　　　◀ 图3-84

STEP 6 总结所学知识，结合挤出、倒角、插入循环边等命令和调整点等操作制作轮胎、轮辋与飞轮，如图3-85所示。

◀ 图3-85

3.3.11 制作前叉、前叉合件、前轮胎与前辐条 »

STEP 1 结合上节所学命令，制作前叉合件模型，如图3-86所示。

◀ 图3-86

STEP 2 使用多边形圆柱体、多边形基础体，结合多切割、挤出、倒角、插入循环边命令及调整点等操作制作前叉，如图3-87所示。

STEP 3 将上节制作完成的后面的轮胎、轮辋与辐条群组复制和移动位置至前轮胎位置，如图3-88所示。

◀ 图3-87

◀ 图3-88

3.3.12 制作车把 »

STEP 1 创建多边形圆柱体，结合挤出、插入循环边等命令和调整点等操作制作车把的主要部分，如图3-89所示。

◀图3-89

STEP 2 创建多边形圆柱体、多边形基础体，结合挤出、插入循环边、多切割、创建多边形、倒角等命令制作车把调节扣和刹车手把，如图3-90所示。

◀图3-90

STEP 3 车把制作完成，如图3-91所示。

◀图3-91

3.3.13 制作鞍座 »

利用多边形、立方体等多边形基础体，结合挤出、插入循环边命令和在平滑预览网格显示开启的情况下调整点的位置，制作不规则的鞍座模型，如图3-92所示。

◀ 图3-92

3.3.14 制作车闸 »

STEP 1 创建多边形圆柱体与立方体等多边形基础体，结合挤出、倒角、插入循环边等命令和调整点等操作制作前后车闸，如图3-93所示。

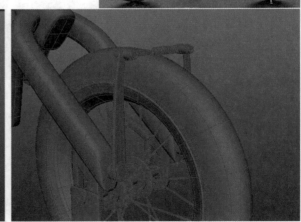

◀ 图3-93

STEP 2 创建3个多边形管道作为固定闸线的金属圈，移动、旋转调整至合适位置，如图3-94所示。

STEP 3 按空格键切换到侧视图，执行Create(创建)｜Curve Tools(曲线工具)｜EP Curve Tool(EP曲线工具)命令，沿着参考图单击鼠标左键创建曲线的顶点，创建完成后切换到透视图，选择曲线，单击鼠标右键不放，向左拖曳至Control Vertex(控制顶点)后释放，移动调节曲线顶点的位置使其更符合模型所需，如图3-95所示。

◀ 图3-94

◀ 图3-95

STEP 4▶ 执行Create(创建)│NURBS Primitives (NURBS基本体)│Circle(圆环)命令，创建曲线圆形，按空格键切换到侧视图，在侧视图的任意位置按下鼠标左键并拖曳到圆形大小合适时释放鼠标，如图3-96所示。

STEP 5▶ 选择曲线圆形，按住Shift键加选曲线闸线，单击Surfaces(曲面)│Extrude(挤出)后的方块按钮，调整参数设置，如图3-97所示。

STEP 6▶ 选择曲线圆形，按住Shift键加选另一条曲线闸线，再次执行挤出命令，选择曲线圆形并调整大小到合适状态。

◀ 图3-96

图3-97

STEP 7 ▶ 车闸制作完成，效果如图3-98所示。

图3-98

3.3.15 制作前后挡泥板、车架链接、链条等零件 ≫

STEP 1 ▶ 使用多边形立方体、圆柱体等多边形基础体，结合挤出、倒角、插入循环边等命令与调整点操作，制作前后挡泥板和车架链接，如图3-99和图3-100所示。

图3-99

STEP 2 ▶ 创建多边形圆柱体，通过挤出、侧面挤出等命令和调整点等操作制作链条组件模型，如图3-101所示。

STEP 3 ▶ 按空格键切换至侧视图，执行Create(创建)│Curve Tools(曲线工具)│EP Curve Tool(EP曲线工具)命令，沿着参考图链条位置单击鼠标左键，创建曲线的顶点，使其链接轴轮与飞轮，并再次按空格键切换回透视图，调整曲线位置，如图3-102所示。

◀ 图3-100

◀ 图3-101

◀ 图3-102

STEP 4 将Modeling(建模)模块切换至Animation(动画)模块，选择链条组件，按住Shift键加选曲线，执行Constrain(约束)│Motion Paths(运动路径)│Attach to Motion Path(连接到运动路径)命令，制作运动路径动画，链条组件被连接到曲线上，调整通道栏内的motionPath1│Front Twist(前方向扭曲)参数为90，使链条组件在曲线上的方向正确，如图3-103所示。

◀ 图3-103

STEP 5 选择链条组件模型，单击Visualize(可视化)│Create Animation Snapshot(创建动画快照)后的方块按钮，弹出动画快照选项调整参数，设置End time(结束时间)为24(默认参数为10)，Increment(增量)为0.4(默认参数为1)，设置完成后单击Apply(应用)按钮，如图3-104所示。

▣ 图3-104

STEP 6 经过仔细观察，发现链条组件分布不均匀，还需要进一步调整。曲线开始点或结束点显示数字1或24，单击其中某一数字，选择通道栏内的motionPath1，执行Windows(窗口)｜Animation Editors(动画编辑器)｜Graph Editor(曲线图编辑器)命令，打开曲线图编辑器。框选这条曲线，单击工具栏中的线性切线按钮▨，使这条运动曲线变为直线，这样链条组件就均匀分布在链条曲线上了，如图3-105所示。

▣ 图3-105

STEP 7 自行车制作完成，如图3-106所示。

▣ 图3-106

3.4 软件功能与造型能力 🔍

对于初学者来说，最大的一个误区就是将软件功能与造型能力画等号。在此首先要探讨一下造型能力指的是什么？在现实中，我们通过画笔或雕刻刀在纸上或者泥土上塑造形体。通过这一手段，我们不断练习的是眼睛对形体的观察，然后进行平面或立体的再现。素描作业是将一个立体空间的形体投射在平面上的一个图像，在这一过程中，我们不断地用眼睛去测量每一个局部与其他局部之间的位置、整体与局部的关系、空间关系，然后再用眼睛测量形体上的明暗度，塑造平面图像上的立体空间关系。通过这种长期的训练，我们的眼、脑、手逐渐形成一种协调，这样看到的形体能很快地再现于纸上。雕塑的练习也是如此，只不过我们将明暗变为塑造形体的深度。眼睛的观察从测量明暗程度转为对深度空间、远近凹凸的观察，然后通过我们的塑造再现了立体空间上的形体。这两种练习会逐渐增强一个人的观察与再现能力，同时也能逐渐让练习者掌握各种形体的各种形态规律，使其即使在不具备条件进行实物观察的情况下，也能够将物体的形体再现出来，如图3-107所示。

图3-107

　　传统意义上认为，只有通过素描或者雕塑这类训练才能够具备这种能力，使得人们认为一个人的画就是他的造型能力。这些仅仅是造型能力的体现，造型能力其实已经是一个人身体上和思维上的一部分。就像一个足球运动员，他有好的控球能力，不是因为足球好，而是他经过长期的训练才具备了这种身体上的协调能力。同样传统绘画上基于条件的限制，我们看到一个形体以后，想要把它再现出来，只能用笔、纸或者泥来进行塑造。所以说，这些只是我们的工具和手段，画只是一个载体，我们自身的锻炼才是最主要的。

　　我们经常会看到初学三维软件的人，在发现自己造型能力不足的时候，就会拿起纸笔练习素描，这种方法其实练习的是观察与协调能力。也有一些人使用软件进行造型，做出的形体很准确，但他用纸笔画出来的图就一塌糊涂，这说明这类人具备一定的造型能力，只不过运用的工具不同而已。这时我们就能够理解，笔和纸是一种工具，软件功能与命令也是一种工具，我们可以通过这些不一样的工具与载体进行造型能力的锻炼。

3.5　非生物模型拆分与规律

　　制作典型的建筑类或机械类结构模型时，需要将其拆分为多个基本的多边形结构，尽可能地将复杂模型或复杂部分拆分为基本形状，从创建简单的多边形基本体，到编辑、修改、增加细节、变形、组合多边形，逐步制作出复杂的多边形，如图3-108和图3-109所示。

图3-108

◀ 图3–109

3.6　生物模型布线与规律 🔍

　　在制作三维生物模型时，不论是写实角色、卡通人物或动物，需要先了解人或动物的肌肉结构与关节链接，因为角色的布线原理来自人物头部的骨骼与肌肉走向。例如，眼眶部分与嘴部周围的布线都是按照眼轮匝肌和口轮匝肌的环状组织来构成，最终形成放射状的布线。

　　布线是实现结构体现的一种手段，关键是对结构的理解，清楚地分析和理解面部肌肉的走向分布和运动收缩方式，这些提供了布线的指导方向，如图3–110所示。

　　有效并快速地掌握布线规律，可在创建模型初期，在对参考图进行分析与理解时，使用Photoshop软件以绘图的方式进行模拟布线，提前设想与分析布线的规律与走势，如图3–111所示。

◀ 图3–110

◀ 图3–111

3.7 应用案例——巨蜥建模

3.7.1 创建参考图

STEP 1 执行File(文件)｜New Scene(新建场景)命令，新建一个场景。按空格键切换到侧视图，执行面板菜单View(视图)｜Image Plane(图像平面)｜Import Image(导入图像)命令，如图3-112所示。在弹出的对话框中找到巨蜥的参考图Lizard.jpg，单击 Open 按钮导入图像。

STEP 2 按快捷键Ctrl+A打开属性编辑器，更改imagePlane1｜Placement Extras｜Image Center文本框中的第一个参数为−12、第二个参数为8.8，切换到透视视图，参考图创建完成，如图3-113所示。执行File(文件)｜Save Scene(保存场景)命令，为文件命名为Lizard。

图 3-112

图 3-113

3.7.2 创建主体

STEP 1 单击 按钮，创建一个多边形立方体，执行Mesh(网格)｜Smooth(平滑)命令，将立方体细分一次，选择细分后的立方体一半的面并删除，如图3-114所示。

图 3-114

STEP 2 单击Edit(编辑)｜Duplicate Special(特殊复制)后的方块按钮，弹出特殊复制对话框，更改参数设置，将Geometry type(几何体类型)由Copy(复制)更改为Instance(实例)，Scale(缩放)X轴更改为−1(默认为1)，单击Apply(应用)按钮，执行特殊复制命令，创建一个与被复制模型镜像的选择副本，可以实现在变换被复制模型的同时对副本应用变换，如图3-115所示。

图3-115

STEP 3 选择模型的点进行调整，使这段模型成为巨蜥的身体中段，选择前端的面向前进行挤出至头部，如图3-116所示。

图3-116

STEP 4 选择尾端的面向后挤出至尾巴，进行点的调整，删除被复制模型与副本中间不需要的面，如图3-117所示。

图3-117

STEP 5 选择相对应的面挤出巨蜥的前肢与后肢，进行点的调整，如图3-118所示。

图3-118

STEP 6 ▶ 使用插入循环边工具，在巨蜥头部插入新的循环边并进行点的调整，如图3-119所示。

◀ 图3-119

STEP 7 ▶ 继续使用插入循环边工具，在巨蜥前肢与后肢插入新的循环边并进行点的调整，使前后肢区分出来，如图3-120所示。

◀ 图3-120

STEP 8 ▶ 每次插入新的循环边时都要进行点的调整，使每个顶点都支撑到模型结构上，如图3-121所示。

◀ 图3-121

STEP 9 ▶ 在为模型增加新的边时，不仅可以使用插入循环边工具和交互式分割工具，还可以使用倒角命令，对选定的循环边执行倒角命令，使原本的一条边倒角为两条边，如图3-122所示。

◀ 图3-122

Spin Edge(自旋多边形边)命令包括Spin Edge Forward(正向自旋边)与Spin Edge Backward(反向自旋边)，选择多边形网格上的边进行基于选定边方向正向或反向旋转边，但只能旋转附加到两个面的边，如图3-123所示。

　　① 选择需要旋转的边。

　　② 执行Edit Mesh(编辑网格)｜Spin Edge Forward(正向自旋边)命令，可以按快捷键Ctrl+Alt+←；或执行Edit Mesh(编辑网格)｜Spin Edge Backward(反向自旋边)命令，可以按快捷键Ctrl+Alt+→，如图3-124所示。

◀ 图3-123

◀ 图3-124

STEP10 使用插入循环边工具，增加头部细节并调整点，再使用挤出与插入循环边工具制作巨蜥脚部并调整点，塑造巨蜥的结构与特征，如图3-125所示。

◀ 图3-125

STEP11 创建完成后，效果如图3-126所示。

图3-126

3.8 应用案例——古代小女孩建模

3.8.1 创建参考图 »

STEP 1 执行File(文件)│New Scene(新建场景)命令，新建一个场景。按空格键切换到侧视图，执行面板菜单View(视图)│Image Plane(图像平面)│Import Image(导入图像)命令，在弹出的对话框中找到小女孩的参考图Girl.jpg，单击 Open 按钮导入图像。

STEP 2 按快捷键Ctrl+A打开属性编辑器，更改imagePlaneShape1│Placement Extras│Image Center文本框中的第一个参数为-12、第二个参数为11，切换到透视视图，参考图创建完成，如图3-127所示。

图3-127

3.8.2 制作头部 »

STEP 1 单击 按钮，创建一个多边形立方体，执行Mesh(网格)│Smooth(平滑)命令，将立方体细分一次，选择细分后的立方体一半的面删除，如图3-128所示。

图3-128

STEP 2 单击Edit(编辑)│Duplicate Special(特殊复制)后的方块按钮，弹出特殊复制对话框，更改参数设置，将Geometry type(几何体类型)设置为Instance(实例)，Scale(缩放)Z轴设置为-1(默认为1)，单击Apply(应用)按钮，执行特殊复制命令，创建一个与被复制模型镜像的选择副本，可以实现在变换被复制模型的同时对副本应用变换，如图3-129所示。

◀ 图3-129

STEP 3 ▶ 调整点的位置使模型有基本的头部结构，先定位眼睛的位置；在模型下半部执行插入循环边命令插入新的循环边，调整点的位置定义鼻子与颧骨的位置；继续在上半部插入新的循环边，调整点的位置定义额头与颞骨的位置，如图3-130所示。如果使用雕塑的方法同步进行头部模型制作，可以进行对比与分析，同步制作时的效果图，如图3-131所示。

◀ 图3-130

◀ 图3-131

STEP 4 ▶ 执行插入循环边命令，插入新的循环边，调整点的位置以定义眉弓骨的位置；继续添加新的循环边并调整点的位置，选择底面的面挤出脖子并调整点的位置，如图3-132所示。

◀ 图3-132

STEP 5 ▶ 雕塑同步制作时的效果，如图3-133所示。

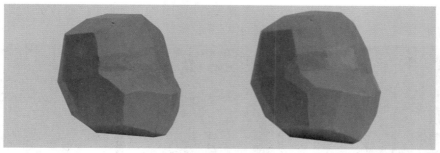

◀图3-133

STEP 6 ▶ 执行Mesh Tools(网格工具)︱Multi-Cut(多切割)命令，在鼻子的位置添加边，调整点的位置；使用同样的方法在眼睛部位添加边，调整点的位置，如图3-134所示。

◀图3-134

STEP 7 ▶ 继续添加新的边，增加眼睛周围的结构线，每增加一条边或循环边时都需要调整点的位置后再继续添加下一条边或循环边；添加鼻子、嘴部周围新的边使其有明确的结构，如图3-135所示。

◀图3-135

STEP 8 ▶ 同步制作眼睛、鼻子和嘴的雕塑效果，如图3-136所示。

◀图3-136

STEP 9 选择模型，按3键平滑网格预览显示，调整点的位置使其结构明确。使用自旋多边形边工具，依照肌肉与骨骼结构调整脸部的布线，使模型结构与布线更加合理。执行挤出命令制作发髻与耳朵，调整点的位置，头部制作完成，如图3-137所示。

◀ 图3-137

STEP10 同步制作头部的雕塑效果，如图3-138所示。

◀ 图3-138

3.8.3 制作衣服 ≫

STEP 1 创建一个多边形立方体，细分一次，将一半的面删除。单击Edit(编辑)│Duplicate Special(特殊复制)后的方块按钮，弹出特殊复制对话框，更改参数设置，将Geometry type(几何体类型)设置为Instance(实例)，Scale(缩放)Z轴设置为-1(默认为1)，单击Apply(应用)按钮，执行特殊复制命令，创建一个与被复制模型镜像的选择副本，可以实现在变换被复制模型的同时对副本应用变换。调整点的位置，制作衣服的雏形，如图3-139所示。

◀ 图3-139

STEP 2 使用挤出命令挤出衣服的袖子与领口，使袖子与身体之间的夹角呈大约45°，以方便后期制作，将领口、袖口与底面没有用的面删除；执行插入循环边命令，添加细分段数，增加衣服的结构与细节，按3键平滑网格预览；调整点使脖子与领口更加吻合，没有模型的穿插，如图3-140所示。

◤ 图3-140

STEP 3 创建一个多边形立方体，细分宽度并删除立方体一半的面，如图3-141所示；执行特殊复制命令，将被复制模型与复制模型关联起来。

◤ 图3-141

STEP 4 调整点的位置，制作裙子的雏形，选中侧面的两条边进行倒角命令，调整点的位置，如图3-142所示。

◤ 图3-142

STEP 5 执行插入循环边命令增加新的边，调整点的位置；按3键平滑网格预览，衣服制作完成，如图3-143所示。

◤ 图3-143

3.8.4 制作手部 »

STEP 1 创建一个多边形立方体，调整通道栏内的物体参数，如图3-144所示。调整点的位置制作手掌的雏形。

◀ 图3-144

STEP 2 取消勾选Keep Faces Together(保持面的连接)复选框，关闭面的连续性，选择手指方向的面挤出三次，调整点的位置，如图3-145所示。

◀ 图3-145

STEP 3 执行挤出命令，挤出大拇指与手腕，增加新边，调整点的位置，修改布线，如图3-146所示。

◀ 图3-146

STEP 4 ▶ 按3键平滑网格预览，特殊复制模型，将镜像复制模型移动至对称位置，手部制作完成，如图3-147所示。

◀ 图3-147

3.8.5　制作鞋子 »

STEP 1 ▶ 创建一个多边形立方体，使用挤出命令向前与向上挤出新的面；执行插入循环边命令增加新边，调整点的位置并平滑网格预览，如图3-148所示。

◀ 图3-148

STEP 2 ▶ 增加新边以丰富鞋帮结构，调整点的位置，制作脚面与脚腕，制作完成后执行特殊复制命令镜像复制另一只鞋，如图3-149所示。

◀ 图3-149

STEP 3 ▶ 古代小女孩制作完成，如图3-150所示。

图3-150

课后练习

内容：

参照三视图照片，利用本章所学的多边形建模知识制作三维模型。

要求：

1. 人物模型的形体结构比例准确，先制作出身体的基本形状。

2. 在制作模型的过程中，要根据身体结构的走向布线，布线的整洁性和流畅感对模型也是非常重要的。

3. 要随时切换不同的视图观察，调节模型。

第 4 章

NURBS 建模技术

本章主要讲解Maya强大的NURBS建模技术，通过绘制吉祥图案、制作咖啡杯和电动车车轮的应用案例，详细介绍NURBS建模的基本流程和NURBS曲线工具的应用，以及曲面工具的功能和应用。

本章重点 ✦

▷ NURBS基础知识

▷ 应用案例——绘制吉祥图案

▷ 应用案例——制作咖啡杯

▷ 应用案例——制作电动车车轮

4.1 NURBS基础知识 🔍

NURBS建模即曲面建模，是由曲线组成曲面，再由曲面组成立体模型。曲线有控制点，可以控制曲线的曲率、方向、长短。NURBS建模属于目前两大流行的建模方式之一，另一种是多边形建模。

简单地说，NURBS就是专门制作曲面物体的一种造型方法。NURBS造型总是由曲线和曲面来定义的，所以，要在NURBS表面生成一条有棱角的边是很困难的。就是因为这一特点，我们可以用它制作出各种复杂的曲面造型和表现特殊的效果，如人的皮肤、面貌或流线型的跑车等。

4.1.1 NURBS曲线基础 »

1. 曲线的元素

曲线包括控制顶点、编辑点、曲线点和壳线等基本元素，不同的元素可以用不同的工具进行编辑操作，如图4-1所示。

图4-1

2. 曲线元素的选择和编辑

曲线元素可以通过F8键在物体与元素之间切换选择，也可以通过状态栏上的按钮进行选择。通过右键快捷菜单，可对一个或一组CV控制点或者编辑点进行移动、旋转和缩放。

3. 曲线元素的删除

选择一个或一组点，按Delete键或Backspace键删除。在绘制曲线时，可以使用这两个键来删除前一次的点，如使用Pencil Curve(铅笔曲线)，要在绘制后进行选择删除。

4.1.2 NURBS曲面基础 »

曲面的元素由CV点、Isoparm(等参线)、曲面点、曲面面片和壳线组成。与曲线一样，可以通过F8键在物体与元素之间切换选择，也可以通过状态栏上的按钮进行选择。通过右键快捷菜单可对一个或一组CV控制点或者编辑点进行移动、旋转和缩放。为了提高工作效率，按Ctrl键+鼠标右键，打开曲面元素的各种选择辅助工具，包括Grow CV Selection(扩大当前选择的CV)、Shrink CV Selection(收缩当前选择的CV)、Select CV Selection Boundary(选择CV选择边界)、Select Surface Border(选择曲面边界)4个辅助工具，快捷方式是选择NURBS物体的CV点，按Ctrl键+鼠标右键，在弹出的菜单中执行相应的命令即可，如图4-2所示。

◀图4-2

4.1.3 NURBS曲面精度控制 ≫

在制作大场景时，灵活调整NURBS模型的显示精度非常重要，对不重要的部分用低精度显示，可以节约大量的系统资源，让制作更加流畅。

快捷键为1、2、3，或者在Display(显示)｜NURBS中选择Rough(粗)、Medium(中)和Fine(精)。

4.1.4 NURBS的建模流程 ≫

NURBS的建模流程通常是"由线成面"的过程，绘制曲线—编辑曲线—曲线成面—编辑曲面。

Create(创建)，建立曲线；Curves(曲线)，在菜单中编辑曲线；Surfaces(曲面)，将曲线生成曲面；Edit NURBS(编辑曲面)，在菜单中编辑曲面。

4.1.5 创建NURBS几何体 ≫

NURBS基本几何体包括Sphere(球)、Cube(立方体)、 Cylinder(柱体)、 Cone(椎体)、 Plane(平面)、Circle(圆环)等。

操作方法 🖾

★ 在Modeling(建模)主菜单下，执行Create(创建)｜NURBS Primitives(NURBS几何体)命令，可以在菜单中选择并创建NURBS几何体，如图4-3所示。

★ 也可以在Surface工具栏中直接单击创建几何体，操作简便。

◀图4-3

4.1.6 创建NURBS曲线 ≫

1. CV Curve Tool(CV曲线工具)

(1) CV 曲线的绘制方法

STEP 1 执行Create(创建)｜Curve Tools(曲线工具)｜CV Curve Tool(CV曲线工具)命令。

STEP 2 按空格键切换到要创建曲线的视图，在视图中单击鼠标左键放置第一个点，这是曲线的第一个点，以小方块显示。

STEP 3 绘制第二个点，显示为U，代表方向，并生成一条橘黄色的线，这是连接控制点的Hull(壳线)。

STEP 4 绘制第三个点和第四个点，会产生一条白色曲线。

STEP 5 ▶ 想要改变刚放置点的位置，可以按住鼠标中键进行调整。

STEP 6 ▶ 绘制完成后按Enter键，这时曲线变为绿色，如果要继续绘制新的曲线，可以直接按Y键。

(2) 编辑曲线

单击鼠标右键，通过弹出的菜单进入CV点编辑模式。

2. EP Curve Tool(EP曲线工具)

创建EP曲线的方法与创建CV曲线大致相同。在创建EP曲线时，只需要在视图区域中定义两个编辑顶点即可，如图4-4所示。

▣ 图4-4

3. 创建Type(类型)

执行Create(创建) | Type(类型)命令，在Type(类型)节点的Attribute Editor(属性编辑器)中找到Type Attributes(类型属性)，有4种公用属性和5个包含其他属性的选项卡，如图4-5所示。

★ Text(文本)属性，控制文本自身的对齐方式和外观。

★ Generator(生成器)属性，根据生成器选项标准更改每一帧上的文本。

★ Geometry(几何体)属性，控制多边形网格的各个方面。

★ Texturing(纹理)属性，控制网格的着色器指定。

★ Animation(动画)属性，允许在每个对象的基础上为文本设置动画。

▣ 图4-5

4.1.7 Edit NURBS Surfaces(编辑 NURBS 曲面) »

Edit NURBS Surfaces(编辑 NURBS 曲面)位于Surfaces(曲面)菜单中，下面依次介绍其子命令。

★ Duplicate NURBS Patch(复制 NURBS 面片)：复制 NURBS 曲面上的一个或多个面片(Patch)。操作方式：选择 NURBS 曲面上的一个或多个面片(Patch)，单击执行。

★ Duplicate NURBS Patch(复制NURBS面片)/Group With Original (与原始几何体成组)：勾选该

项，复制得到的曲面将作为原曲面的子物体。否则，复制得到的曲面将作为一个单独的节点存在于场景中。

✳ Project Curve On Surface(在曲面上投射曲线)：将一条或多条曲线投射到曲面上，创建表面曲线。

操作方式：首先选择一条或多条曲线、等参线(Isoparm)或剪切边线(Trim Edge)，最后选择投射曲线，单击执行。

✳ Active View (激活视图)：沿当前激活视图的法线方向投射曲线。选择该项，投射时一定要选择合适的视图。

✳ Surface Normal (曲面法线)：沿曲面法线投射曲线。投射结果和所选视图无关。

✳ Trim Tool (剪切工具)：根据曲线上的表面曲线剪切曲面。

操作方式：选择带有表面曲线的曲面，单击执行，然后选择要保留的部分或要切除的部分，按Enter键结束剪切。

4.1.8　创建NURBS曲面 »

1. Revolve(旋转成面)

使用Revolve(旋转成面)命令可以将一条曲线沿一个轴旋转产生曲面，不仅可以通过曲线旋转成曲面，还可以使用曲面线、等参线和剪切边界线旋转曲面。

操作方法

STEP 1 执行File(文件)｜New Scene(新建场景)命令，新建一个场景。

STEP 2 在侧视图中使用CV曲线工具绘制一条轮廓线，按Enter键完成绘制。

STEP 3 选择绘制的曲线，执行Surfaces(曲面)｜Revolve(旋转成面)命令，创建旋转曲面，如图4-6所示。

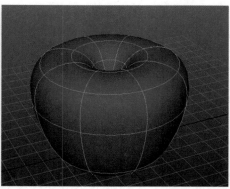

◁ 图4-6

2. Loft(放样成面)

Loft(放样成面)命令可以通过连续的多个轮廓线产生曲面。曲线可以是自由的曲线、曲面曲线或剪切边界线，使用Loft(放样成面)命令会根据选取曲线的顺序进行放样，先后顺序不同，放样的结果也会不一样。使用该命令时需要两条及两条以上的曲线。

操作方法

STEP 1 执行Create(创建)｜NURBS Primitives(NURBS基本体)｜Circle(圆环)命令，创建一个圆环。

STEP 2▶ 选取圆环，执行Edit(编辑)│Duplicate(复制)命令，复制圆环，使用移动缩放工具调整到合适状态。重复上一命令，复制多个圆环，调整大小和位置。

STEP 3▶ 按住Shift键从下到上依次选择所有圆环，执行Surfaces(曲面)│Loft(放样)命令，通过放样得到花瓶，然后编辑曲线环修改形状，如图4-7所示。

◄图4-7

3. Extrude(挤出)

Extrude(挤出)命令可以将一条曲线沿某一个方向或一条曲线移动挤出曲面。

▶操作方法

STEP 1▶ 执行Create(创建)│NURBS Primitives(NURBS基本体)│Circle(圆环)命令，在原点创建一个圆环。

STEP 2▶ 使用CV曲线工具在前视图的原点位置向上绘制曲线作为挤出路径。

STEP 3▶ 选取圆环曲线，加选挤出路径，单击Surfaces(曲面)│Extrude(挤出)后的方块按钮，打开Extrude Options(挤出选项)对话框，设置Style(挤出类型)，单击Extrude(挤出)按钮挤出曲面，如图4-8所示。

◄图4-8

4. Bevel(倒角)

Bevel(倒角)命令可以对曲线创建倒角效果。创建的倒角曲面中包括挤出面和倒角面，在Bevel(倒角)命令默认设置下形成的曲面，其挤出面和倒角面是一个整体，可以通过Bevel(倒角)的参数设置得到分开的挤出面和倒角面，在不同模型上指定不同效果的材质。

操作方法

STEP 1 执行Create(创建)｜NURBS Primitives(NURBS基本体)｜Circle(圆环)命令，创建两个圆环，调整大小和位置。

STEP 2 选择两个圆环，执行Surfaces(曲面)｜Bevel(倒角)命令，创建倒角曲面，如图4-9所示，可以设置倒角参数进行调整。

图 4-9

4.2 应用案例——绘制吉祥图案

STEP 1 新建场景，按空格键切换到侧视图，在侧视图中执行View(视图)｜Image Plane(图像平面)｜Import Image(导入图像)命令，选择并导入图片到侧视图，如图4-10所示。

图 4-10

STEP 2 使用CV Curve Tool(CV曲线工具)绘制一条复杂曲线，按Enter键确定完成绘制，如图4-11所示。

STEP 3 选中曲线，单击鼠标右键，在弹出的菜单中选择Control Vertex(控制顶点)命令，调整点到合适位置，右键切换到物体模式，如图4-12所示。

图4-11　　　　　　　　　　　　　　　　　图4-12

STEP 4 选择曲线，单击Edit(编辑)│Duplicate Special(特殊复制)后的方块按钮，打开特殊复制选项设置对话框，设置Scale为1、1、−1，沿Z轴镜像复制曲线，如图4-13所示。

图4-13

STEP 5 执行Create(创建)│NURBS Primitives(NURBS基本体)│Circle(圆环)命令，创建一个圆环，切换到点，调节点的位置；重复上一命令，调整点的位置，如图4-14所示。

STEP 6 选取所有曲线，执行Curves(曲线)│Attach (附加)命令，将曲线合并形成一个整体，再通过Curves(曲线)│Open/Close(打开/关闭曲线)命令将曲线封闭，如图4-15所示。

STEP 7 先选择外边的曲线，按住Shift键加选里边的两条曲线，执行Surfaces(曲面)│Planar(平面)命令，形成曲面，如图4-16所示。

◁ 图4-14

◁ 图4-15

◁ 图4-16

|4.3 应用案例——制作咖啡杯 🔍 ➡

STEP 1 ▸ 执行File(文件) | New Scene(新建场景)命令，新建一个场景。

STEP 2 ▸ 按空格键切换到侧视图，执行Create(创建) | Curve Tools(曲线工具) | CV Curve Tool(CV 曲线工具)命令，创建杯子的轮廓曲线，如图4-17所示。

◁ 图4-17

STEP 3 选择曲线，单击鼠标右键，在弹出的菜单中选择Control Vertex(控制顶点)命令，调整点的位置，如图4-18所示。

STEP 4 右键切换到物体模式，执行Surfaces(曲面)│Revolve(旋转成面)命令，创建旋转曲面，如图4-19所示。

◀ 图4-18　　　　　　　　　　　　　◀ 图4-19

STEP 5 重复上一命令，制作杯子下边的碟子，如图4-20所示。

STEP 6 执行Create(创建)│NURBS Primitives(NURBS基本体)│Circle(圆环)命令，在原点创建一个圆环，缩放圆环轴向为杯柄横切面形状，在侧视图中，使用CV曲线工具在合适位置绘制手柄曲线，按Enter键完成绘制，如图4-21所示。

◀ 图4-20　　　　　　　　　　　　　◀ 图4-21

STEP 7 先选择圆环，按住Shift键加选手柄曲线，单击Surfaces(曲面)│Extrude(挤出)后的方块按钮，打开Extrude Options(挤出选项)对话框，设置Style(挤出类型)为Tube(管)，Result position(结果位置)为At path(在路径处)，Pivot(枢纽)为Component(组件)，单击Extrude(挤出)按钮挤出曲面，如图4-22所示。

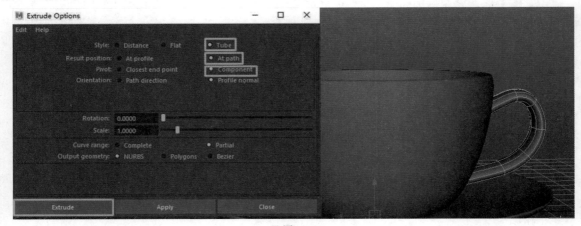

◀ 图4-22

STEP 8 咖啡杯制作完成，如图4-23所示。

◀图4-23

4.4 应用案例——制作电动车车轮

4.4.1 创建参考图 »

STEP 1 执行File(文件)｜New Scene(新建场景)命令，新建一个场景。

STEP 2 按空格键切换到侧视图，在面板菜单中执行View(视图)｜Image Plane(图像平面)｜Import Image(导入图像)命令，在弹出的对话框中找到车轮参考图Wheel.jpg，单击 按钮导入图像，如图4-24所示。

STEP 3 在属性编辑器imagePlaneShape1中，更改Placement Extras(放置附加)下拉菜单中的Image Center(图像中心)参数，调整到合适位置，参考图创建完成，如图4-25所示。

◀图4-24

◀图4-25

STEP 4 执行File(文件)｜Save Scene(保存场景)命令，存储文件，文件名为Wheel。

4.4.2 制作轮盘 »

STEP 1 按空格键切换到前视图，单击Create (创建)｜Curve Tools (曲线工具)｜CV Curve Tool (CV曲线工具)命令后的方块按钮设置，将3 Cubic改为1 Linear后执行，创建轮盘的切面曲线，如图4-26所示。

☑图4-26

STEP 2 选择曲线，执行 Surfaces(曲面)｜Revolve(旋转)命令，制作出轮盘，如图 4-27 所示。若模型表面变黑，执行Surfaces(曲面)｜Reverse Direction(反转方向)命令。

☑图4-27

STEP 3 增加段数让轮盘平滑一些。单击Surfaces(曲面)｜Rebuild (重建)后的方块按钮，打开重建曲面选项对话框，将Number of spans U、Number of spans V参数设置为6、12，单击Rebuild(重建)按钮完成，如图4-28所示。

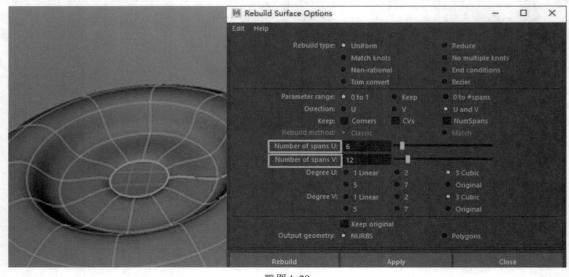

☑图4-28

STEP 4 选中轮盘，单击鼠标右键，在弹出的菜单中选择 Isoparm(等参线)命令，按空格键切换到顶视图，选取两条等参线，如图4-29黄色实线所示。

注 意

选取等参线时，不要选择接缝两边的等参线。

STEP 5 执行Surfaces(曲面) | Detach (分离)命令，删除其余5/6的面，如图4-30所示。

◁ 图4-29

◁ 图4-30

STEP 6 执行Create(创建) | NURBS Primitives(NURBS基本体) | Circle(圆环)命令，创建一个圆，调整点的位置，移动至如图4-31所示的位置。

STEP 7 选择曲线，复制一条新的曲线，移到下方合适的位置。选择两条曲线，执行Surfaces(曲面) | Loft(放样)命令，如图4-32所示。

◁ 图4-31

◁ 图4-32

STEP 8 ▶ 选择轮盘，加选圆柱物体，执行Surfaces(曲面)｜Intersect (相交)命令，会出现一条相交曲线，选择轮盘，执行Surfaces(曲面)｜Trim Tool(修剪工具)命令，单击轮盘要保留的部分并按Enter键，删除圆柱和曲线，如图4-33所示。

◀ 图4-33

STEP 9 ▶ 复制一个轮盘，移动至下方，单击鼠标右键，在弹出的菜单中选择Trim Edge(修剪边)命令，选择上边洞的曲线，按住Shift键加选下边洞的曲线，执行Curves(曲线)｜Duplicate Surface Curves(复制曲面曲线)命令，进入点模式，整体缩小复制的曲线，调整曲线的位置，如图4-34所示。

◀ 图4-34

STEP10 ▶ 选中轮盘，单击鼠标右键，在弹出的菜单中选择Trim Edge(修剪边)命令，选择洞的边，加选缩小的曲线，执行Surfaces(曲面)｜Loft(放样)命令，得到一个面，使用同样的方法做出两个曲线的面，如图4-35所示。

◀ 图4-35

STEP11▸ 选择上下边(一组黄色线)，执行放样命令生成面，使用同样的方法生成另一组，如图4-36
所示。

◀ 图4-36

STEP12▸ 框选所有物体，执行Edit(编辑) | Delete by
Type(按类型删除) | History(历史)命令，按快捷键
Ctrl+G群组，按快捷键Ctrl+D复制一个，将Rotate Y
改为60，按快捷键Shift+D复制并变换4次，则默认在
Y轴上旋转递增60°，如图4-37所示。

STEP13▸ 执行Create(创建) | NURBS Primitives
(NURBS基本体) | Circle(圆环)命令，创建一个
圆环，缩放并移动至合适位置，复制一个圆环，
将Rotate Y改为90，按快捷键Shift+D复制并变
换2次，则默认在Y轴上旋转递增90°，如图4-38
所示。

◀ 图4-37

◀ 图4-38

STEP14▸ 选择4个圆环，加选上下两层轮盘，执行Surfaces(曲面) | Project Curve on Surface(在曲
面上投影曲线)命令，如图4-39所示。

STEP15▸ 选择轮盘，执行Surfaces(曲面) | Trim Tool(修剪工具)命令，单击轮盘要保留的部分并按
Enter键，使用同样的方法修剪剩下的面，如图4-40所示。

◁ 图4-39

 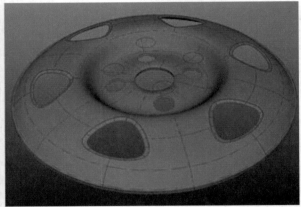

◁ 图4-40

STEP16 单击鼠标右键，在弹出的菜单中选择Trim Edge(修剪边)命令，选取上下孔的边，执行 Surfaces(曲面)│Loft(放样)命令，如图4-41所示。使用同样的方法制作出剩下的面。

◁ 图4-41

STEP17 轮盘制作完成，如图4-42所示。

◀图 4-42

4.4.3 制作轮辋 ▶▶

STEP 1▶ 按空格键切换到侧视图，执行
Create(创建)│Curve Tools(曲线工具)│
CV Curve Tool(CV曲线工具)命令，创建
轮辋的切面曲线，如图4-43所示。

STEP 2▶ 选择曲线，执行Surfaces(曲
面)│Revolve(旋转)命令，旋转成形。
单击Surfaces(曲面)│Rebuild (重建)后
的方块按钮，打开重建曲面选项对话
框，更改参数，如图4-44所示。

◀图 4-43

◀图 4-44

STEP 3 ▸ 轮辋制作完成，如图4-45所示。

◄图4-45

4.4.4 制作轮胎 »

STEP 1 ▸ 按空格键切换到侧视图，执行 Create(创建)｜Curve Tools(曲线工具)｜CV Curve Tool(CV曲线工具)命令，创建轮胎的切面曲线，如图4-46所示。

STEP 2 ▸ 选择曲线，执行Surfaces(曲面)｜Revolve(旋转)命令，旋转成形。单击Surfaces (曲面)｜Rebuild (重建)后的方块按钮，打开相应的对话框，将Number of spans U、Number of spans V参数设为12、42，单击Rebuild(重建)按钮完成。选中轮盘，单击鼠标右键，在弹出

◄图4-46

的菜单中选择Isoparm(等参线)命令，选取两条等参线，执行Surfaces(曲面)｜Detach (分离)命令，删除其余的面，如图4-47所示。

◄图4-47

STEP 3 ▸ 按空格键切换到侧视图，执行Create(创建)｜Curve Tools(曲线工具)｜CV Curve Tool(CV曲线工具)命令，创建3条如图4-48所示的曲线。

STEP 4 ▸ 选择3条曲线，加选轮胎，执行Surfaces(曲面)｜Project Curve on Surface(在曲面上投影

曲线)命令，删除轮胎投射多余的投影曲线。选择轮胎，复制一个，选中一个轮胎，执行Surfaces(曲面)｜Trim Tool(修剪工具)命令，单击轮胎本身要保留的部分并按Enter键。选择另一个轮胎，使用修剪工具，单击轮胎上投影的部分并按Enter键，如图4-49所示。

◀图4-48

◀图4-49

STEP 5 选择轮胎的投影部分，执行Modify(修改)｜Center Pivot(居中枢轴)命令，将其移动至如图4-50所示的位置。

STEP 6 单击鼠标右键，在弹出的菜单中选择Trim Edge(修剪边)命令，选取孔的边和上边对应的边，执行Surfaces(曲面)｜Loft(放样)命令，使用相同的方法生成其他的面，如图4-51所示。

◀图4-50

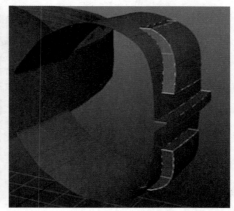
◀图4-51

STEP 7 框选轮胎和凸出的所有曲面，将它们群组，选择这个组复制一个，将Rotate Y改为8.57，按快捷键Shift+D复制并变换40次，则默认在Y轴上旋转递增8.57°，如图4-52所示。

STEP 8 车轮制作完成，如图4-53所示。

◀图4-52

图4-53

课后练习 🔍

内容：

利用已经学习过的曲线成面命令，制作如图4-54所示的一组静物模型。

图4-54

要求：

1. 熟练运用曲线和曲面的操作命令，结合点、线、面的元素编辑方法来完成模型的制作，用少量的控制点调整出平滑的表面。

2. 注意把握构图与空间比例的关系。

第 5 章

Maya 材质与贴图

本章主要讲解UV与造型原理，以及材质和贴图原理。通过制作骰子纹理贴图、制作人物贴图和制作木门拟真材质贴图3个案例，分别着重讲解UV、贴图和材质的制作过程，有助于读者对各个过程的理解。

本章重点 ✦

- UV与造型原理
- 编辑多边形UV
- 应用案例——制作骰子纹理贴图
- Unfold 3D角色UV展开
- 材质原理
- 材质球基本属性
- 材质的观察方法
- 应用案例——制作木门拟真材质贴图
- 材质与贴图的关系

5.1　UV与造型原理

　　通过之前对三维基本造型方法的学习，大家已经掌握了三维空间中点、线、面的原理，本章主要讲解怎样在三维空间中对物体进行上色。我们在现实空间中制作雕塑或立体作品的最后一个步骤是对作品进行后期的上色处理，在现实空间中完成这一工作一般直接采用各种工具在物体表面进行刷或者描。仔细思考一下，其实这一过程对于物体的形体不会产生太大影响，物体不会随着上色产生形变，在现实空间中的这一过程可以看作在一个二维空间上进行的平面化处理。这一概念比较难理解，其实是这样的，虽然看上去我们只是用刷子在立体的物体表面上做着重复的三种动作——上下刷、左右刷或者斜着刷，但是这些动作的共同特点就是在表面上做文章，并没有用力把表面按下去的情况，因为那样就不是上色，而是在塑型了。所以总结来说，这样一个过程看似是在立体空间里进行的，实际上是在一个平面空间上进行的。在虚拟空间中就将这样一个过程发展成了一个二维的工序，这种概念就是UV概念，如图5-1所示。

图5-1

　　在虚拟空间的实际操作中这一概念并不复杂，我们可以用一个小时候玩过的纸模玩具来做例子。这种纸膜玩具是一张印有图形的厚卡纸，将其上的图形逐个剪下来，折一折、粘一粘就变成了一个立体的建筑或者飞机、坦克等。三维软件的UV制作过程与其很相似，只不过是反过来了。我们先制作一个没有任何颜色的三维物体，然后将其变成一个平面图形，再进入平面软件中绘制其中的贴图，软件再根据点到点的坐标回贴上去就是一个上了色的物体，如图5-2所示。

图5-2

　　这其中有一些基本的概念，就是在三维空间中物体的一个点可以在UV中被拆开，就像我们的纸模上几个三角形虽然都各有一个点，但粘在一起就变成了一个点一样。边也是一样，你也可以将三维的边切开，变成两个独立的UV边。模型的每一个复杂的区域都可以在UV编辑器中独立拆开但不破坏三维模型。这些都是为了将一个三维物体表面转化为平面的过程而设置的。另一个需要注意的就是拆分的UV区域之间如果没有特殊需求都不要有重合，可以试想一下你买回来的纸模上如果出现几个部分的图是印在一起的,你就没办法将它做出来了,三维模型也是一样,如果有重合的UV,那么在模型上的着色就会有混乱的现象。

5.2 编辑多边形UV 🔍

UV的重要性体现在它们提供图像纹理贴图到曲面网格之间的连接,即UV作为标记点,用于控制纹理贴图上的哪些点(像素)与网格上的哪些点(顶点)对应。应用于不具备UV纹理坐标的多边形或细分曲面的纹理不会被渲染。

尽管Maya在默认情况下会为许多基本体创建UV,但在大多数情况下需要重新排列UV,因为默认排列方式通常不会与创建模型的任何后续编辑匹配。此外,编辑曲面网格时,UV纹理坐标的位置不会自动更新。大多数情况下,在完成建模之后且在将纹理指定给模型之前,可以映射并排列UV。否则,更改模型将在模型与UV之间创建不匹配,而且会影响任何纹理在模型中出现的方式。

了解UV的概念,如何将它们映射到曲面和随后如何正确布置它们很重要。在Maya中工作时,在多边形和细分曲面上生成纹理是必不可少的。如果需要在3D模型上绘制纹理、毛发或头发,那么了解UV的工作原理也非常重要,如图5-3所示。

◁ 图5-3

在Maya中,有多种方法为多边形重新映射UV。任何一种UV映射技术为曲面网格生成UV纹理坐标的方法都是根据曲面网格固有的投影方法,将UV纹理坐标投影到曲面网格上。因此,UV纹理坐标与3D世界空间坐标系中的顶点信息具有初始2D空间的相关性。正是通过UV在纹理贴图与曲面网格之间建立的这种相关性,在曲面上得到定位纹理。

通过上述UV映射技术生成的初始映射通常不会产生纹理所需的最终UV排列。因此,通常需要使用UV纹理编辑器对UV执行进一步的编辑操作。

Maya中的多边形和细分曲面基本体具有默认的UV纹理坐标,可用于纹理贴图。但是,如果以任何方式(如缩放、挤出面、插入或删除边)修改默认的基本体,就需要将一组新的UV纹理坐标映射到修改后的对象。

5.2.1 Planar (平面) »

平面映射是以平面投影的形式将投影投射到网格上,适合相对平面的网格或是可从一个摄像机角度可见的网格对象。但是在复杂的多边形上进行平面映射纹理时投影会生成扭曲重叠的UV,如图5-4所示。

◁ 图5-4

STEP 1 选择需要映射的模型或面，执行UV│Planar(平面)命令，使用投影操纵器调整与控制UV的分布大小，如图5-5所示；还可以单击红色交叉线激活显示操纵器的操纵手柄，通过移动、旋转或缩放操纵器来编辑UV，如图5-6所示。

◁ 图5-5

◁ 图5-6

STEP 2 执行Windows(窗口)│UV Editor(UV编辑器)命令，查看和编辑UV，如图5-7所示。

 图5-7

5.2.2　Cylindrical (圆柱形) ≫

圆柱形映射是以圆柱形的投影形状为模型创建UV。该投影形状绕网格折回，适合完全封闭且在圆柱体可见的图形中使用。

选择需要映射的模型或面，执行UV│Cylindrical (圆柱形)命令，打开UV纹理编辑器查看和编辑UV；还可以单击红色交叉线激活显示操纵器的操纵手柄，通过移动、旋转或缩放操纵器来编辑UV，如图5-8所示。

图5-8

5.2.3　Spherical(球形) »

　　球形映射是以球形的投影形状为模型创建UV。该投影形状绕网格折回，适合完全封闭且在球体可见的图形中使用。

　　选择需要映射的模型或面，执行UV｜Spherical (球形)命令，打开UV纹理编辑器查看和编辑UV；还可以单击红色交叉线激活显示操纵器的操纵手柄，通过移动、旋转或缩放操纵器来编辑UV，如图5-9所示。

图5-9

5.2.4　Automatic(自动) »

　　自动映射是向模型同时映射多个面来寻找每个面UV的最佳放置，比较适用于映射比较复杂的模型。

　　选择需要映射的模型或面，执行UV｜Automatic(自动)命令，打开UV纹理编辑器查看和编辑UV；还可以单击红色交叉线激活显示操纵器的操纵手柄，通过移动、旋转或缩放操纵器来编辑UV，如图5-10所示。

图5-10

投影操纵器以选定对象为中心在场景视图中出现，具有蓝色平面，该平面对应的平面数由Automatic(自动)的Planes(平面)选项设定。浅蓝色平面表示投影平面背离选定对象的方向，而深蓝色平面表示投影平面朝向选定对象的一侧。

5.3 应用案例——制作骰子纹理贴图

STEP 1 制作一张尺寸为256×256像素、JPG格式的骰子贴图，保存在工程项目Source Images文件夹内，如图5-11所示。

STEP 2 单击 按钮，创建一个多边形立方体，单击鼠标右键，在弹出的菜单中选择Assign Favorite Material (指定收藏材质)命令，界面右侧的通道栏中显示此模型的材质球；单击Common Material Attributes(公共材质属性)│Color(颜色)后的 黑白棋盘格按钮，在弹出的对话框中选择File(文件)，界面右侧通道栏中会出现贴图信息，单击 按钮，找到贴图并单击Open(打开)按钮，按6键显示纹理贴图，如图5-12所示。

图5-11

图5-12

STEP 3 显示纹理贴图后，发现贴图并不符合模型要求，执行UV│UV Editor(UV编辑器)命令，打开UV编辑器。选择模型，单击工具栏中的 按钮，开启切换着色UV显示，UV右线框显示变化为着色UV，蓝色透明区域为立方体UV的覆盖区域，现在并不符合纹理贴图，需要调整UV位置，如图5-13所示。

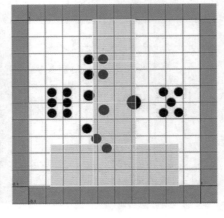

图5-13

STEP 4 ▶ 单击工具栏中的■按
钮，启用暗淡图像，使UV显示更
加清晰，在UV编辑器中单击鼠标
右键，在弹出的菜单中选择Edge
(边)命令，单击其中一条边，按住
Ctrl键，同时单击鼠标右键，在弹
出的菜单中选择Cut(切割)命令，
如图5-14所示。

STEP 5 ▶ 在UV编辑器中单击鼠
标右键，在弹出的菜单中选择UV
Shell命令。按W键将已分割开的
UV移动至合适位置，如图5-15
所示。

◀ 图5-14

◀ 图5-15

STEP 6 ▶ 使用同样的方法将所有的面切割分离开，并将其移动至合理的位置(骰子相对两面的数字
之和必为7)，骰子纹理贴图制作完成，如图5-16所示。

◀ 图5-16

5.4 Unfold 3D角色UV展开

对于复杂的不规则模型，Maya内部创建和编辑UV并不能满足展开UV以划分材质的要求，这就
需要更符合要求的外部软件——Unfold 3D。

Unfold 3D是一款三维角色、道具等建模贴图最好用的软件之一，是能在数秒内自动分配好UV的
智能软件，如图5-17所示。

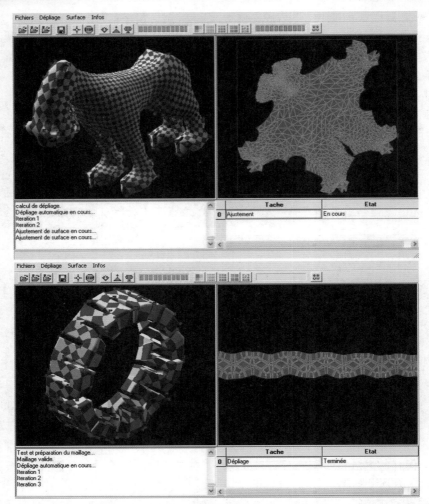

图5-17

5.4.1 将Maya中创建完成的模型先导出为OBJ格式 »

STEP 1 ▶ 在Maya中打开古代小女孩文件，将头部分开的两部分执行Mesh(网格)│Combine(结合)命令，选中接缝处的顶点，执行Edit Mesh(编辑网格)│Merge(合并)命令，将两部分模型合并成为完整的模型，如图5-18所示。

图5-18

STEP 2 ▶ 执行Windows(窗口)│Settings/Preferences(设置/首选项)│Plug-in Manager(插件管理器)命令，弹出插件管理器对话框，将objExport.mll后的选项勾选，如图5-19所示。

STEP 3 ▶ 选中头部模型，执行File(文件)│Export Selection(导出选择)命令，在弹出的对话框中设置File name(文件名称)为girl_head，Files of type(文件类型)为OBJexport，单击Export Selection(导出

选择)按钮确认输出，如图5-20所示。

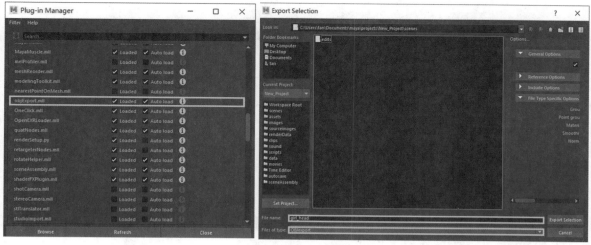

◁ 图5-19   ◁ 图5-20

5.4.2 设置Unfold 3D键盘和鼠标映射 »

Unfold 3D是不需要安装的软件，双击鼠标执行unfold3dmagic.exe应用程序，即可打开软件。Unfold 3D的界面操作和Maya有些出入，现在修改参数使Unfold 3D的界面操作和Maya的界面操作统一，使展开UV的过程更加快捷有效，如图5-21所示。

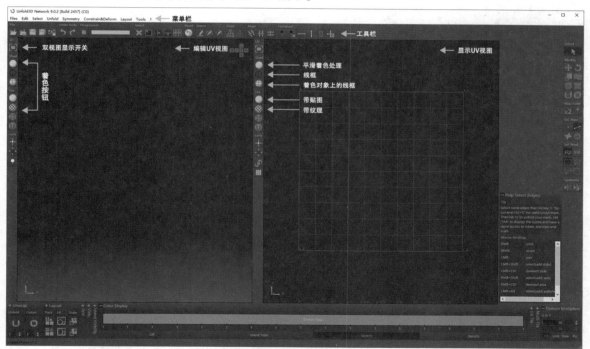

◁ 图5-21

执行Edit(编辑)│Mouse Bindings(鼠标绑定)命令，弹出Key And Mouse Mapping(键盘和鼠标映射)对话框，将 Set Preset Mode(设置预设模式)选项设置为 Autodesk Maya，即可实现界面操作的统一，单击Save for Next Sessions保存下次使用按钮保存设置，如图 5-22 所示。

图 5-22

5.4.3 导入并展开UV ≫

STEP 1 执行Files(文件)│Load(加载)命令,在弹出的对话框中找到之前导出的古代小女孩头部的OBJ文件并打开,橙黄色的边表示开放的边,如图5-23所示。

图 5-23

STEP 2 若是出现报错并且无法操作展开UV,如图5-24所示的情况出现红色方块,提示模型错误的地方,需要切换回Maya软件,根据提示的位置检查并修改模型,删除多余的面与合并多余的点,重新导出OBJ文件，然后导入至Unfold 3D。

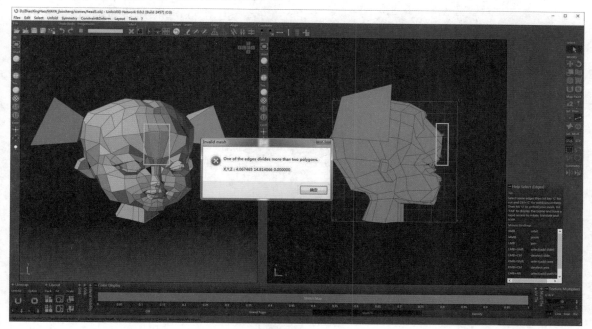

图 5-24

STEP 3 进行分割UV操作时，用鼠标左键单击选定边，颜色为蓝色；按住Shift键切换至边选择模式，单击选定边，颜色为高亮；按住Ctrl键选择选定边可取消选定边，如图5-25所示。

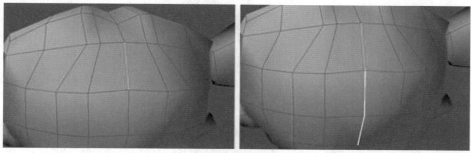

图 5-25

STEP 4 根据结构与贴图的合理性，人物头部的UV大致可以分割为"工"字状，依照图5-26所示分割古代小女孩头部的UV，并尽量不要将UV的开放边分割到人物的正面，保持UV的连续性，避免贴图的接缝不衔接等问题。

图 5-26

STEP 5 分割完成后，单击工具栏中的 按钮，将切割出即将沿着此开放边展开UV，颜色为橙黄色，如图5-27所示。

图 5-27

STEP 6 切割UV后，若是出现连续红色方块
视为报错，分割模型的UV开放边为非连续性
会出现这样的情况，通常是漏选开放边并切割
后出现，需要按快捷键Ctrl+Z撤销切割，重新
检查并分割开放边，如图5-28所示。

STEP 7 切割UV完成后，单击工具栏中的 ✐
按钮展开模型的UV，可以在右边的视图中看
到展开后的UV；在视图中显示橙黄色的面，
表示部分UV有拉伸变形，可以在拉伸变形较
为严重的部分继续分割并切割，重新展开以免
重叠或拉伸变形，如图5-29所示。

图 5-28

图 5-29

STEP 8 展开后还有轻微的拉伸，按K键重新计算展开的UV并松弛UV，如图5-30所示。

图5-30

STEP 9 松弛后使UV达到需要的效果，执行Files(文件) | Save(保存)命令，现已展开的UV将自动保存其模型的副本，其路径和名称与Maya统一，名称为X_unfold3d.obj。

5.4.4 在Maya中调整 >>

STEP 1 在Maya中将未展开UV的头部模型删除或隐藏，可以按快捷键Ctrl+H。执行File(文件) | Import(导入)命令，将展开UV的头部模型导入，打开UV纹理编辑器，与Unfold 3D展开的一样，单击 按钮切换着色UV显示，如图5-31所示。

图5-31

STEP 2 选择模型镜像一半的面并将其删除，相对应的UV也会被删除，如图5-32所示。

图5-32

STEP 3 在UV纹理编辑器中单击鼠标右键，在弹出的菜单中选择UV命令，框选图中所示的部分UV点，按住Ctrl键不放并单击鼠标右键，在弹出的菜单中选择UV Shell命令，则选定此UV相关联的壳上的UV点，如图5-33所示。

 图5-33

STEP 4 将选定的UV点移动、旋转、缩放到合适位置，使用同样的方法调整其余的UV点，使UV点充分利用纹理贴图区域，如图5-34所示。

 图5-34

STEP 5 调整UV完成后，将一半的头部模型镜像复制另一半，选择这两个模型将其结合，然后选中接缝处的顶点将其合并，从而成为完全连续的模型，UV纹理编辑器中的UV显示为紫色，表示两个重叠的UV，如图5-35所示。

图5-35

提 示

简单的人物造型可以使用左右镜像重复的 UV，有效地减少制作纹理贴图的时间。

STEP 6 展开模型的头部UV已经完成，使用同样的方法展开身体、手部与脚部的UV，将所有模型的UV调整在一个UV纹理贴图区域内，方便后期制作，如图5-36所示。

图5-36

5.4.5 多边形着色 »

STEP 1 选择需要绘制并已展开UV的模型(为了方便给模型绘制颜色，可以将其所有部分结合为一个整体)，单击鼠标右键，在弹出的菜单中选择Assign Favorite Material(指定收藏材质)｜Lambert命令，为模型赋予一个新的材质球，如图5-37所示。

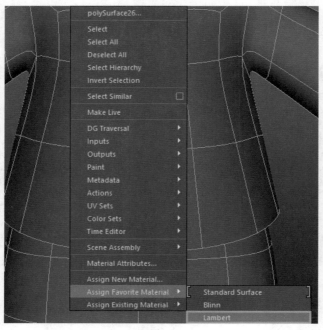

图 5-37

STEP 2 选择模型，单击鼠标右键，在弹出的菜单中选择Paint(绘制)︱3D Paint(3D绘制)命令，如图5-38所示，在界面的左边会显示3D Paint工具的属性。

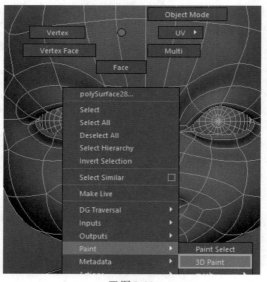

图 5-38

STEP 3 在模型上方移动笔刷时，笔刷轮廓显示为⊠，表明无法在选定的模型上绘制纹理，需要单击工具栏中的Assign(指定)/Edit Textures(编辑纹理)按钮，将弹出指定/编辑文件纹理对话框，更改Size X与Size Y为1024，Image format(图像格式)为JPEG(jpg)，修改完成后，单击Assign/Edit Textures((指定/编辑纹理)按钮确认，如图5-39所示。

图 5-39

STEP 4 ► 3D Paint Tool(3D 绘制工具)的工具设置窗口。

★ 笔刷：调整笔刷Radius(半径)，按住B键和鼠标左键不放，向左滑动为缩小笔刷半径，反之则为放大笔刷半径。

★ Artisan：选择画笔样式，单击文件夹按钮可以载入画笔。

★ 颜色：单击色块直接调换颜色，通过Opacity(不透明度)参数修改颜色的不透明度(1为不透明)。

★ 绘制操作：在Artisan选项内默认为Paint(绘制)，切换选择Erase(擦除)或Clone(克隆)，也可以在Paint Effects选项内选择Paint(绘制)、Smear(涂抹)或Blur(模糊)。

STEP 5 ► 绘制纹理贴图时显示绿色线框并不方便，单击3D Paint工具属性下的Display(显示)，关闭Show wireframe(显示线框)，绘制纹理贴图完成，如图5-40所示。

图 5-40

5.5 材质原理

Maya材质是整个Maya制作体系中不可分割的一部分，在制作过程中，灯光和材质是相辅相成的，两者共同决定了最后的渲染效果。如果一幅作品只有灯光没有材质，那么在渲染时会缺少材质纹理的细节。

材质样本球可以控制颜色、透明度和光泽，还能定义更加复杂的凹凸起伏、反射或大气等。每一种材质都有自己的特殊属性参数。有些材质本身没有体积变化，需要结合其他材质和纹理一起使用才能产生特殊效果。

1. Color(颜色)

通过调整应用于对象的材质颜色属性，更改对象的基本颜色。将纹理作为颜色贴图应用于材质的颜色属性，使用Ramp Shader(渐变着色器)可以额外控制颜色随灯光和视角发生更改的方式，或模拟各种特殊的材质和以精细方式调整传统的着色，如图5-41所示。

◁图5-41

2. Transparency(透明度)

通过调整应用于对象的材质透明度属性，更改对象的透明度级别。将纹理作为透明度贴图应用于材质的透明度属性，指定对象哪些区域为不透明、透明或半透明，如图5-42所示。

◁图5-42

3. Highlight(高光)

通过调整应用于对象的Specular Shading(镜面反射着色)属性，更改对象镜面反射高光的强度和大小。将纹理作为镜面反射度贴图应用于材质的Specular Color(镜面反射颜色)属性，指定对象哪些区域有光泽和高光颜色，如图5-43所示。

◁图5-43

4. Reflection(反射)

反射可以控制反射率和其他曲面特性(如折射颜色)，如图5-44所示。

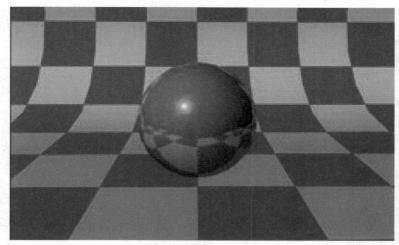

◄ 图5-44

5. Bump(凹凸)

凹凸贴图用于控制对象表面产生凹凸效果。通过纹理的明暗变化来改变对象表面的法线方向，在渲染时产生凹凸效果，但这种凹凸效果只是一种模拟，并没有产生真正的凹凸效果，如图5-45所示。

◄ 图5-45

5.6 材质球基本属性 🔍

Hypershade是Maya渲染的中心工作区域，通过创建、编辑和连接渲染节点(如纹理、材质、灯光、渲染工具和特殊效果)，可以在其中构建着色网络。

在Maya主菜单中，执行Windows(窗口)｜Rendering Editors(渲染编辑器)｜Hypershade命令，打开Hypershade窗口，如图5-46所示。

创建栏　菜单栏　主工具栏　Hypershade顶部选项卡

创建选项卡　存储箱　工作区选项卡　工作区　材质查看器

图 5-46

5.6.1　常用类型的材质 ≫

常用类型的材质如下。

✱ Blinn：具有良好的软高光效果和高质量的镜面高光效果，适用于有机表面，常用于金属、塑料等，如图5-47所示。

图 5-47

✱ Lambert：不包括任何镜面属性，也不会反射出周围的环境色，对于粗糙物体来说是常用的，但此材质可以是透明的，在光线追踪渲染中发生折射。它多用于不光滑的表面，是一种自然材质，常用来表现自然界的物体材质，如木头、混凝土等，如图5-48所示。

图 5-48

★ Phong：有明显的高光，适用于表面具有光泽的物体，常用于水、玻璃等，如图5-49所示。

图 5-49

★ Layer shade：可以将不同的材质节点结合在一起，每一层都有自己的属性特征，并且每种材质都可以单独设置，常用于混合材质。

★ Surface Shader：赋予材质节点颜色，不受灯光、环境等影响，通常用于卡通材质，如图5-50所示。

图 5-50

★ Use Background：用于光影追踪，常用于单色背景合成以进行抠像，如图5-51所示。

Alpha通道显示

图5-51

创建多边形模型时，默认材质为Lambert1，若是需要调整其材质，需要赋予新的材质，赋予模型新材质有多种方法，常用的方法有以下3种。

① 在创建栏内单击创建新的材质球Lambert2，如图5-52所示。为了方便区分Lambert1材质球，可将Lambert2材质球换成不同的颜色，单击通道栏内Lambert2材质球属性下的Color右边的色块调整颜色，如图5-53所示。在Hypershade窗口内的Lambert2材质球的上方按住鼠标中键不放，拖曳至需要添加此材质模型的上方后释放鼠标，完成赋予新的材质。

图5-52

图5-53

② 重新创建一个新的材质球Lambert3，并使用同样的方法调换另一种颜色以示区分。单击选定需要赋予新的材质球模型，在Hypershade窗口内的Lambert3材质球的上方单击鼠标右键，在弹出的菜单中选择Assign Material To Selection(为当前选择指定材质)命令，赋予新的材质完成，如图5-54所示。

图 5-54

③ 最后一种方式之前涉及一部分，这是较为快捷有效的一种方式，不需要打开Hypershade窗口也能赋予新的或是已有的材质。选定需要赋予新的材质球模型，单击鼠标右键，在弹出的菜单中选择Assign Favorite Material(指定收藏材质)｜Lambert命令，完成赋予新的材质，如图5-55所示。

图 5-55

当制作更加复杂且丰富的拟真材质时，不仅需要材质属性的变换，而且更注重于纹理贴图的制作，给材质赋予更加丰富的纹理贴图，在颜色、透明度和光泽、凹凸起伏、反射上链接纹理节点以增加丰富度。Hypershade窗口的创建栏分为2D纹理、3D纹理、环境纹理和其他纹理，如图5-56所示。

◀ 图5-56

5.6.2　材质练习 »

STEP 1 ▸ 创建一个多边形球体，赋予新的Bilnn材质球，在Hypershade窗口中双击此材质球，通道栏内显示此材质球的属性，如图5-57所示。

◀ 图5-57

STEP 2 单击Color(颜色)右端的黑白色棋盘格按钮，弹出创建渲染节点对话框，选择棋盘格节点(Checker)为其链接颜色节点，如图5-58所示。

图5-58

STEP 3 执行面板菜单中的Renderer(渲染器)｜Viewport 2.0命令，将渲染器由默认质量渲染更改为Viewport 2.0，提高实时材质显示质量，如图5-59所示。

图5-59

STEP 4 单击凹凸贴图右端的黑白色棋盘格按钮，弹出创建渲染节点对话框，选择Crater(凹陷)为其链接凹凸节点，如图5-60所示。

提 示

在凹凸节点上 0 代表没有，为黑色；1 代表凸起，为白色。其他节点也通用，如透明度 0 代表透明，为黑色；而 1 代表不透明，为白色。还有镜面反射、反射率和反射颜色。

图5-60

STEP 5 单击Specular Color(镜面反射颜色)右端的黑白色棋盘格按钮，弹出创建渲染节点对话框，选择Ramp(渐变)节点为其链接镜面反射颜色，如图5-61所示。

STEP 6 可以尝试其他链接节点，例如，需要在材质Color(颜色)属性上链接已有文件图像并制作透明效果。创建多边形平面，并用本书中提供的树叶图像为这个平面制作树叶材质，如图5-62所示。

图 5-61

图 5-62

STEP 7 ▶ 为这个多边形平面添加一个新Lambert材质，在Hypershade窗口中双击这个材质，单击Color(颜色)右端的黑白色棋盘格按钮，弹出创建渲染节点对话框，选择File(文件)节点为其链接颜色节点，单击通道栏内文件节点属性下的Image Name(图像名称)右端的黄色文件夹按钮，选择树叶图像后确认选择(若是图像不显示，按6键开启纹理显示)，如图5-63所示。

图 5-63

STEP 8 ▶ 在Adobe Photoshop中打开树叶图像，利用魔棒工具将白色背景选为选区并填充为黑色，按快捷键Shift+Ctrl+I反向选择选区，将树叶所在区域填充为白色，制作透明纹理贴图，另存为透明贴图，不要覆盖源文件，如图5-64所示。

STEP 9 回到Maya，单击这个材质Transparency(透明度)右端的黑白色棋盘格按钮，弹出创建渲染节点对话框，单击File(文件)选择制作的透明贴图，树叶纹理贴图制作完成，效果如图5-65所示(若无显示透明部分，需要将渲染器由默认质量渲染更改为Viewport 2.0，提高实时材质显示质量)。

图 5-64

图 5-65

5.7 材质的观察方法

简单来说，物体看起来有什么样的质地就称之为材质，是颜色、透明度、光泽、凹凸起伏与反射等表面可视属性的结合。在Maya中，材质和贴图主要用于描述对象表面的物质形态，构造真实世界中自然物质表面的视觉表象。不同的材质和贴图能够给人们带来不同的视觉感受，在Maya中这是营造客观事物真实效果的最有效手段之一。

在计算机三维软件中制作拟真的模型时，做出具有使用过痕迹的物体着色贴图是达到拟真效果的有效方法之一。制作这样的贴图时，遵循时间的规律来制作，既能准确做出拟真效果，还能节省大量时间。下面以木门材质为范例说明如下。

① 组框并齐边精裁成型为木料的初始材质，并未对其有任何材质上的加工，还是保持木质的本色，如图5-66所示。

② 开始在木质门上贴皮油漆，为了保证木门的使用寿命更长久会多遍刷油漆，以减少风吹日晒的磨损，因此这多层油漆会有一定的厚度，如图5-67所示。

③ 需要考虑木门是在什么样的环境下使用。若是在潮湿的江南小镇使用，那木门则会在边缘角落里长满绿色的苔藓和霉点；若是在干燥日照时间长的环境中使用，那木门被日照的表皮油漆则会龟裂暴皮。另外，还需要考虑此木门是户外门还是室内门，磨损程度会有明显的不同，如图5-68所示。

图 5-66

图 5-67

图 5-68

④ 由于大自然中灰尘是无处不在的，在木门向上的一面会有不同程度的灰尘覆盖层。

⑤ 最后要考虑人为的因素，例如，作为开门一侧的木质通常磨损严重。人为磨损和自然环境磨损有一个明显的不同，人为因素造成的磨损会有很大程度的油污。

木门上其他不同材质组成部分：门锁、门把手还有春联等使用同样的方法制作拟真效果，如图5-69所示。

◀ 图5-69

5.8 应用案例——制作木门拟真材质贴图 🔍 ➡️

STEP 1 ▶ 创建木门模型，根据所学的知识为其展开UV，如图5-70所示。

◀ 图5-70

STEP 2 ▶ 在选定模型的状态下，在UV纹理编辑器中单击Polygons(多边形)│UV Snapshot(UV快照)，弹出UV快照选项对话框，保存当前UV布局的图像文件，更改完成后单击OK按钮，确认UV快照导出，如图5-71所示。

STEP 3 ▶ 使用Adobe Photoshop打开UV快照图片，将UV快照图片反相颜色，将图层混合选项更改为正片叠底，在UV快照图层的下方新建图层，如图5-72所示。开始绘制木门的纹理贴图，在此绘制的2D图像与木门的UV纹理相匹配。

图 5-71

图 5-72

STEP 4 ▶ 初始层。

这一层为最底层，是木门上漆前原本的木质效果，在本例中掉漆的效果并不太多，所以，仅在前景色中调节一个木头的颜色，如图5-73所示，对照UV在木质的部分平涂或填充即可。如果制作裸露出大量木质的掉漆效果，这一层还需要细致刻画出木头的质感与纹理，或使用木质的纹理照片拼贴制作。

STEP 5 ▶ 着色层。

第一步，这一层绘制木门漆的固有色。新建图层，在前景色中调节木门的漆色平涂或填充，如

图5-74所示。

　　第二步，绘制出木门漆固有色的冷暖变化。再次新建图层，在前景色中调节出和之前固有色相比偏冷和偏暖的两种近似颜色，使用一个边缘过渡柔和的笔刷进行笔触较为随意的绘制，绘制过程中可以适当改变笔刷的透明度、流量等。绘制的具体位置和程度，应当由整体冷暖关系带来的视觉效果决定，如图5-75所示。

　　第三步，绘制出木门漆固有色的明暗关系，物体在布光渲染之前自然是不会产生区别受光面和背光面的明暗变化，这里所说的明暗关系是一种模仿Ambient Occlusion(即环境闭塞效果)，如图5-76所示。这是一种模拟全局光照来描绘物体和物体相交或靠近的时候遮挡周围漫反射光线的效果。简单

◀ 图5-73

说，这一步的工作就是再次新建图层，对照UV，将模型的转折面、相近及相连接的地方使用较之固有色明度略深的颜色，绘制出适当的明暗关系，绘制过程依然要兼顾整体的冷暖关系。这样在没有特定光源的情况下也能看到模型的基本结构，增强了模型效果。

◀ 图5-74

◀ 图5-75

STEP 6 ▶ 磨损层。

　　表现物体磨损效果的精髓在于物体的边缘及强调那些被经常碰到和使用的地方，本例中的木门显然是门把手附近和下方的木板磨损最为严重。

　　第一步，将着色层的3个图层按快捷键Ctrl+G群组，给图层组添加"图层矢量蒙版"。

　　第二步，对照UV用笔刷在蒙版上将磨损的形状绘制出来，磨损的形状细节要符合木板纹路的方向，木门朝向室外的面和朝向室内的面，磨损程度应该有明显的区别，切忌将磨损画得对称、平均，如图5-77所示。

　　第三步，为图层组添加"图层样式"，选择"投影"，通过调节得到一个紧贴磨损形状边缘的合适阴影，这样便将磨损暴露出的木质和没有磨损的漆质关系拉开了，突显出漆质的厚度，如图5-78所示。

▣ 图5-76

▣ 图5-77

▣ 图5-78

STEP 7 ▶ 人迹层。

这一层要表现出人为的使用痕迹，例如，人为使用过留下的油污渍、碰撞的划痕及加在门上的具有文化符号的附加物。

第一步，绘制门板上的残存福字贴纸。新建图层，在前景色中调节一个偏白的颜色来表现贴纸褪色的效果，使用矩形选框工具绘制一个大小合适的正方形选区，填充前景色。使用变形工具(按快捷键Ctrl+T)将正方形旋转45°。使用套索工具和橡皮工具绘制贴纸撕毁的残余效果，需要注意的是一些没有完全撕掉的部分会透出一些底下门漆的颜色。然后在前景色中调节一个较之前略深的颜色，绘制出贴纸鼓起的立体效果。再调节一到两个用来表现贴纸上其他颜色的褪色效果的颜色，进行适当随意地绘制来丰富贴纸的整体效果。完成之后，使用上述方法再次新建图层，绘制一个较之前面积略小、颜色也有区别的第二层贴纸，并对图层添加投影的"图层样式"，调节后前后层次关系就更为分明了，如图5-79所示。

第二步，绘制门把手位置附近的油污。新建图层，在前景色中调节一种油污的颜色，使用一个不规则形状的笔刷绘制，调节当前图层的"图层混合模式"，选择一个适合体现油污质感的效果，本例中使用"线性光"混合模式，如图5-80所示。

◁图5-79　　　　　　　　　　　　　　　　　　　　◁图5-80

　　第三步，添加其他部分的污渍。新建图层，将当前图层的"图层混合模式"改为"正片叠底"，降低笔刷的透明度进行绘制，如图5-81所示。

　　第四步，绘制碰撞的划痕。新建图层，在前景色中调节一种较深的颜色，这里使用一个具有划痕效果的笔刷，使用"点"的手法进行平铺，然后对图层添加"图层矢量蒙版"，随意选择一个其他的不规则形状笔刷，调低透明度，在蒙版中为划痕制作出随机的效果。绘制完成后复制图层(按快捷键Ctrl+J)，使用色相/饱和度工具(按快捷键Ctrl+U)将复制出的图层调节成较浅的颜色。最后选择移动工具(按快捷键V)，利用键盘上的方向键对复制出的图层进行细微的位移调节，这样就自然地生成了划痕的立体效果，如图5-82所示。

◁图5-81　　　　　　　　　　　　　　　　　　　　◁图5-82

　　第五步，再次新建图层，使用不规则形状的笔刷绘制一些其他部分少量的油渍效果，颜色使用接近门漆固有色的补色，这样可以增强整个木门的色彩关系效果，如图5-83所示。

　　STEP 8▶ 灰尘层。

　　物品上很少被触碰的部分和离灰尘源近的部分是灰尘积累最多的地方，本例中的木门各部分木板的顶面和缝隙处最为明显，以及离地面近的木板，都是需要着重表现的地方。

第一步，新建图层，在前景色中调节出灰尘的颜色，将笔刷的透明度调低，缩小笔刷大小，对照UV绘制出那些积累了明显灰尘的地方，如图5-84所示。

◀ 图5-83

◀ 图5-84

第二步，整体绘制灰尘的效果。新建图层，选择一个边缘较为柔和的不规则形状笔刷，调低透明度，通过"点"的手法给门的整体随机地平铺一层，然后为图层添加"图层矢量蒙版"。随意选择一个其他的不规则形状笔刷，同样调低透明度，在蒙版中为灰尘制作出随机的效果。如果整体的灰尘效果还不理想，可以再次新建图层，依照上述方法稍微改变灰尘的颜色和透明度等再绘制一层，如图5-85所示。

第三步，利用人迹层绘制的图层得到选区，来清除或减弱门把手附近油污的灰尘，以及区别贴纸上的灰尘效果。至此木门的颜色贴图完成，需要隐藏UV层并另存为TGA格式的文件，名为Door_color.tga，以作为Maya纹理贴图，如图5-86所示。

◀ 图5-85

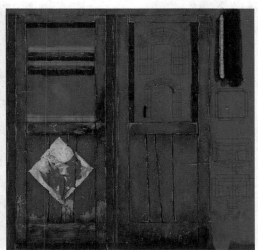

◀ 图5-86

STEP 9 制作木门的Bump，即凹凸贴图。

本例中的木门并没有大的起伏凹凸变化需要用贴图表现，我们可以直接使用先前制作好的颜色贴图，三维软件中识别凹凸信息是通过识别图片的Luminance即明度信息来实现的，因此我们需要将之前做好的颜色贴图进行"去色"处理(按快捷键Shift+Ctrl+U)，就得到了需要的凹凸贴图，另存为Door_bump.tga图像文件，如图5-87所示。

STEP10 制作木门的高光颜色贴图。

尽管是破旧的木门，在表现其材质时依然要考虑到高光效果的影响，在本例中我们要让木门的漆质部分呈现出一些黄色的高光。同样以先前制作好的颜色贴图为基础来制作。首先新建图层，填充为纯黑色，再次新建图层，填充一种适当的黄色。接下来就可以使用之前绘制颜色贴图的各个部分的图层，通过载入没有高光或高光较弱的部分的选区，来调节黄色图层的效果，就完成了高光贴图的制作，并另存为Door_spe.tga图像文件，如图5-88所示。

图5-87   图5-88

STEP11 回到Maya中将贴图链接到相应的节点属性上，并降低Eccentricity(偏心率)与Specular Roll Off(镜面反射衰减)的数值，效果如图5-89所示。

图5-89

5.9 材质与贴图的关系 🔍

在现实生活中，我们对材质有这样的概念，比如拿一个包举例，我们会说它是牛皮的或者是布面的，要不就是塑料的，上面有什么样的花纹，金属的、人造的、玻璃的、纸质的，这些原材料都可以称为材质。然而在软件中这些物理或者化学的成分不会影响到我们的制作。软件是通过模拟物体表面的视觉效果来达到真实的效果，就像我们画画都是用颜料从颜色上再现一个物体一样，并不会真的为了画一个苹果而用苹果汁。所以，软件中不会考虑到物体是铜的、铁的或者是玻璃的，它的材质只分成光滑到不光滑表面，透明到不透明表面。可以想象一下一块刚被开采的石头表面是粗糙的，但经过反复打磨它也能在表面形成反光的效果，如图5-90所示。

◀ 图5-90

一块粗糙的牛皮，被长时间打磨加工后也能做成光亮的皮鞋，如图5-91所示。

◀ 图5-91

这些物体在化学结构上并没有改变，石头还是石头，皮革还是皮革，改变的只是它表面的光滑度。所以，我们在软件中再现一个物体基本材质的时候，首先要了解这个物体表面的光滑度。光滑度越高，越容易产生高光和反射，反之则不会有高光出现，表面也绝对不会出现反射。另一个因素就是透明度，玻璃、液体、塑料甚至人体都是有透明度的，如图5-92所示。

由这两种基本元素会变化出大量丰富的材质效果，例如，木头的表面与石头的表面，它的粗糙程度是不一样的，皮鞋表面虽然很光滑，但它没有大理石光滑，大理石的表面又没有镜子的表面光滑。这种细微的视觉变化，从生理上让我们在还没有伸手去摸的时候就能够感知到这个物体是不是会很光滑，用多大的力气去抓它不会从手里滑落，这是一种视觉上的触觉，也能够反馈到我们的大脑。因此，我们在软件中想要模拟这种视觉上的质感触觉，就需要相应调节高光、反射、折射、透明度、反射模糊与折射模糊等参数，从而达到相应的物体材质。还有一个问题，我们不仅仅要区别各类物体之间的材质效果，还要在一个物体上找出这种材质在光滑度与透明度上的变化。例如，在普通的水泥地面上洒上一些水，那有水的地方就是光滑的，有反射效果，其他的则是粗糙的表面，如图5-93所示。

◁ 图5-92

◁ 图5-93

再如一把铁锹，它的木把上长期被人抓住用力的地方就是光滑的，其他地方则仍然保留原木那种粗糙的质感，如图5-94所示。

将不同的表面进行细分，我们就能得到一个质感丰富的画面。但初学者往往只重视贴图的绘制，不对材质进行细分，渲染出来的画面不是都像瓷器一样，就是都像石头一样。所以，在赋予一个物体材质球的时候，我们首先要把这个物体的材质调好再进行贴图的绘制。要牢记材质并不是物体的颜色，它仅仅代表的是物体的光滑度与透明度，是一种质感的体现。它也不等同于材质球，材质球中高光、反射、折射、透明度这些参数是对材质的控制。

下面再来看贴图，有了一个好的材质，我们就可以开始对物体进行更具体的视觉调节了。首先是颜色的贴图，这个功能就为物体表面的颜色而产生。我们可以通过一张图像来绘制物体表面的颜色，每一个平面上的色彩点都会被通过UV原理映射到物体的空间位置上。物体原有的花纹、图像、斑点都可以用这个功能去表现，如图5-95所示。

◁ 图5-94

◁ 图5-95

凹凸贴图通过一张黑白的图片能更多地刻画出物体表面的细微凹凸效果。例如，皮肤上的毛孔、墙上的颗粒、冰块上的裂缝等这些在物体表面上的小变化，如图5-96所示。

◀图5-96

　　但不要将它和物体的基本材质相混淆，要知道凹凸不平的表面不一定就是不光滑的表面，带裂缝的冰块一样是光滑的，一块抹着油的猪皮也是闪着亮光的，如图5-97所示。

◀图5-97

　　所以，这一功能其实还属于影响物体形体的功能，并不是材质上的功能，而且由凹凸贴图衍生出来的法线贴图更是对形体的一种再塑造，如图5-98所示。它仅仅影响的是物体的形体。

◀图5-98

再有就是透明度贴图，我们可以通过一张贴图来改变一个物体表面的透明度。例如，一些办公室的玻璃门上会贴有门牌，就可以用这个功能进行再现。高光贴图一般分为两类：高光的颜色与高光的强度，它分别控制了物体表面光滑的区域与高光的颜色。这一部分就控制了物体表面的主要光滑度，同时也可以用一张图像分别控制物体上不同光滑度的部分。基本上我们通过调节以上所讲的功能与参数就可以制作出理想的物体效果。细节上我们可以通过调节反射、折射等更细致的功能来不断增加物体的质感。

课后练习 Q

内容：

将上节制作好的自行车模型展开UV，绘制贴图并赋予材质，如图5-99所示。

◁ 图5-99

要求：

1. 贴图格式为JPEG(jpg)，不压缩，最大不超过2048×2048像素，贴图都要放在Source Images根目录下。

2. 同种材质UV画在同一张正方贴图上，材质球名称以能够辨认清楚为准。

第 6 章

Maya 灯光、镜头及渲染

本章首先通过人物光和场景光的案例，介绍Maya灯光的类型和操作方法；然后介绍镜头原理和Maya摄影机的功能及运用；最后介绍渲染原理和Maya渲染的功能及运用。

本章重点 ★

⏳ 灯光

⏳ 镜头

⏳ 渲染

6.1 灯光

6.1.1 光与造型之间的关系与原理

　　传统的西方美术造型训练中对于光的理解与运用是非常系统与科学的，同样三维软件的造型也离不开灯光的运用。灯光与造型关系的研究是虚拟空间造型训练中不可或缺的一个阶段。有素描训练经验的人都知道，运用光影的画法，需要画出画面的明暗交界线，找出阴影的区域，在三维软件中也是一样。

　　一个物体打上灯光后会出现明暗的区域，人眼通过这些明暗的过渡来识别形体的转折凹凸。明暗的区别只在于一个是在全白的画面上逐渐加深，一个是在全黑的画面上逐渐提亮。所以，我们可以将灯光理解为用白色的笔在黑色的纸上作画，这一过程是有控制地去展现要给观众看到的画面层次。但经常遇到的情况是，许多三维软件的初学者在做完模型贴图以后就急着开始打光，渲染出来的画面到处都是亮的，如图6-1所示。

 图6-1

　　就像一个夜晚摸黑进入房间的人，拿起手电筒就是一通乱照，或者将屋里能开的灯全部打开，生怕自己做的哪部分细节没有让人看到，极力地想让观众看清它们。这种胡乱打光的方法在初学者的作品中层出不穷。其实一幅作品在被人看到的时候，大脑只接受了一个整体的简单印象信息，然后随着观看时间的推移我们逐渐会在画面上找到更进一步的变化，之后才在一些细节上看到更细微的变化。如果没有更进一步的细节我们就会停止观看，所以，在处理整体与细节的关系上一直是个矛盾的问题，如何在不破坏整体的情况下增加尽可能多的细节是一个恒久的课题。

　　需要注意的是，一个画面上所有的细节都被突显，就会显得过于杂乱，人的眼睛将会找不到视点，眼神会不断地在画面上跳跃，大脑接受的都是混乱的信息，造成观赏者的感觉不适。同样在话剧舞台上大量地使用追光也是这个道理，如图6-2所示。

　　要知道灯光的作用不仅仅是在强调，更多的是在忽略。很多人只知道强调而不懂得隐藏的重要性，这种打光的方式可以看看每年各类文艺晚会的开场节目，如图6-3所示。

 图6-2　　　　　　　　　　　　　 图6-3

另一个问题是画面完全只用一种灯光，明暗区分很简单。这样的情况观众在看的时候完全没有任何细节可以再去仔细品味，导致作品创作出来也是乏味无趣。这两个方面也仅仅是画面处理最基本的要素，其中的变化与协调需要大家自己进行长期练习从而熟练掌握。

6.1.2 光与色彩之间的关系与原理 ≫

在现实世界中，人们看到的色彩是光线作用于物体，然后反射回人们眼睛里得到的画面。物体本身按表面的朝向和接受光源的多少产生明暗，然后将接受的光线再散发出去，照射到其他周边物体上，产生环境光影响。一个场景内受各种光源、色温的不同进一步产生色彩上冷暖的变化，使画面整体具有不同的色调。在三维软件中，这些现象都可以通过渲染器模拟出来，但经常遇到的问题是越接近于真实的光照输出效果，耗费的渲染时间越长，调节的过程也越长，程度也越复杂，如图6-4所示。

图6-4

对于静帧作品来说还比较能接受，但是对于动态作品，开启复杂的光照系统后，作品的渲染时间会增加，所以，在初学者的作品中我们会看到两种情况。

一种情况是完全只用默认灯光，甚至完全不开阴影，做出来的画面简单枯燥。因为这种光照下每个物品只受到根据光源方向所计算出来的自身明暗变化影响，场景中物体和物体之间没有产生任何光线色彩影响，如图6-5所示。这种方法做出的画面就类似于我们在画静物的时候，起完形后，就开始独立绘制每一个物体，完全不去考虑整体色调及冷暖的变化，每个物体之间的色彩关系是中断的，画面注定毫无生气可言。

图6-5

另外一种情况就是将所有的渲染选项打开，将渲染质量设到最高，渲染出来的画面乍一看非常真实，但是如果你把它当作一个摄影作品来看，又感觉不到任何美感，这样一个作品还耗费了大量的渲染时间。

那么就涉及在调节渲染工作时的一个时效比问题了，要知道在一个场景中打完一盏灯光，再通过渲染器计算出画面，这将产生一个渲染器的计算时间。这一过程的反馈要慢于我们在现实世界中直接打光的周期。

一个场景的打光过程需要经过反复推敲和实验，以期最后得到一种舒服的效果。虽然有一些形式与方法，但是每个场景都是不同的，在处理的时候我们会经常改变物体的位置或者灯光的位置。一般来说，这一过程越长，实验的次数越多，我们得到好效果的概率越大。由于出现了费时计算画面这一问题，我们对场景进行任何一个改动的时候，都要耗费一样的渲染时间去等待。例如，如果单张的渲染时间为1分钟，那么我们可以在1小时内调节场景物体与灯光20~30次；然而如果是10分钟的单张渲染时间，那么1小时我们可能只能修改不到5次。如果以次数为一个场景的调节结果，每30次调节完成一个场景的打光，1分钟的渲染时长，我们可以在1小时左右完成，但是10分钟渲染时长，我们就要在10小时左右才能完成，而且一般来说10分钟的渲染时间还是一个比较中等的时间。有些高质量的电影画面需要渲染几个小时以上的单帧时间，这样累计下来耗时很惊人，如图6-6所示。

所以，在开始调节一个场景灯光的时候，我们可以按照这样一种方法，首先Maya中的VP硬件渲染是可以实时地显示灯光与阴影的，可以先用这种方法把整体光的位置确定下来，同时调节好光的色调，如图6-7所示。

◀图6-6

◀图6-7

这样大的明暗就可以像画画一样先铺好了，然后再进一步增加画面的细节。使用这种办法的好处就是直观、迅速，不会花费任何的渲染时间来等待画面效果。虽然这一环节仅是确定画面光影走向的基调，但是非常重要。初学者大多不太重视这一阶段的工作，反而轻易地放一个位置就开始下面的工作，对于整体的把握在一开始就失去了，就好比画画的起稿阶段就把形起歪了，后面再怎么增加细节也改变不了它大的画面问题。就像之前讲过的，一个场景或者人物做出来，灯光打上去之后就要开始思考哪些需要突显出来，哪些需要压下去。能否在这一阶段定好光影的画面走向是关系到最终画面效果的关键。

调整好主光源后就可以开始着手打辅光，辅光的强度一般不会超过主光的强度，这时候就开始推敲细节了，逐步将场景中的暗部一点点地提亮，拉出暗部的层次，以及协调画面中的冷暖调子。

6.1.3 Maya灯光详解 »

Maya具有多种灯光类型，从而使物体获得各种照明效果。在默认情况下，Maya场景不包含光源，其默认照明用于帮助在场景视图中着色显示时直观显示对象。通过控制灯光的强度、颜色和方向，灯光将成为在Maya中创建场景的关键因素。

1. Light(灯光)

(1) Ambient Light(环境光)

Maya的环境光以两种方式发光：一种是从一点向外全角度产生照明，可以模拟室内物体或大气产生的漫反射效果；一种类似于平行光效果，可以模拟室外太阳光照效果，如图6-8所示。

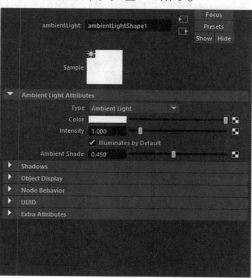

图6-8

(2) Directional Light(平行光)

平行光仅向一个方向平均照射，并且光线之间互相平行，如图6-9所示。

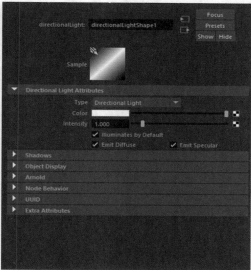

图6-9

(3) Point Light(点光源)

点光源是从一个点向外发射均匀照射各个方向，通常模拟白炽灯或星星，如图6-10所示。

图6-10

(4) Spot Light(聚光灯)

聚光灯在用圆锥体定义的狭窄方向内均匀地发出一束光，圆锥体的宽度确定光束的宽窄，并且可以调整灯光的柔和度以消除明显的明暗交界，还可以在聚光灯上投影图像贴图，通常模拟手电筒、路灯、车灯等，如图6-11所示。

图6-11

(5) Area Light(区域光)

区域光是二维矩形光源，最初为两个单位长和一个单位宽，使用缩放工具在场景中调整区域光的大小。与其他光源相比，区域光的渲染时间更长，同时产生的灯光和阴影质量更高，更适用于高质量的静态图像。区域光是物理性的，不需要衰退选项。区域光形成的角度和着色决定照明，当离区域光越来越远时，角度减小、照明度变暗并衰退，如图6-12所示。

图 6-12

(6) Volume Light(体积光)

使用体积光可以方便地控制光照范围。目前Maya的体积光不支持硬件阴影，用户可以将体积光作为副灯光或用于淡化阴影。体积光的衰减可以由Maya中的颜色渐变属性来表示，这样就无须设置各种衰退参数，并且还提供其他控制。颜色渐变对于体积雾也很有用，使用Volume Light Dir(体积光方向)可以获得不同的效果。Inward(向内)的行为像点光源，而Down Axis(下轴)的行为像平行光。Inward(向内)会反转进行明暗处理的灯光方向，从而提供向内照明的外观。将阴影与向内的灯光方向一起使用时，可能会产生异常结果。在所有情况下，灯光形状都决定灯光的范围，如图6-13所示。

图 6-13

2. 阴影

阴影既可以和灯光一起增加场景的真实感，也可以定义对象的位置，明确物体位于地面还是悬浮在空中。

在默认情况下，Maya的灯光不会投射阴影，需要在场景中指定投射阴影的灯光，并且背向光源的曲面不会被照亮。如果场景中没有灯光投射阴影，则所有朝向光源的曲面将被照亮，即使被另一个曲面遮住也是如此。当灯光照在Maya的曲面上时，曲面朝向光源的部分将被照亮，背向光源的部分将显示为黑色。我们可以通过控制可生成阴影的灯光和曲面组合来添加阴影。通常情况下，只需要少数特定的灯光和曲面来生成阴影。通过将阴影限制为仅针对这些特定的灯光和曲面，可以有效减少渲染时间，如图6-14所示。

图6-14

在Maya中，默认状态下单个光源可以生成无阴影、深度贴图阴影或光线跟踪阴影，可以在场景中结合使用深度贴图阴影投射光和光线跟踪阴影投射光。通过调整深度贴图阴影或光线跟踪阴影的属性，可以模拟来自许多不同类型的真实光源和对象的阴影。

深度贴图阴影和光线跟踪阴影产生的效果类似，但深度贴图阴影渲染需要的时间更少。通常情况下都会选择深度贴图阴影，除非无法实现视觉目标。

在默认情况下，Maya并未开启任一灯光，在阴影下拉菜单中勾选使用深度贴图阴影或使用光线跟踪阴影，便可开启其阴影，如图6-15所示。

图6-15

(1) 深度贴图阴影

Depth Map(深度贴图)描述了从光源到灯光照亮物体之间的距离。深度贴图文件中包含一个由渲染产生的深度通道。深度贴图中的每个像素都代表了在指定方向上，从灯光到最近如果场景中包含投射深度贴图的灯光，则Maya在渲染过程中会为此灯光创建深度贴图，以此来决定哪些物体表面被照亮，而哪些物体处于阴影之中。

如果场景中包含深度贴图阴影投射光源，则Maya会在渲染期间为该光源创建一个深度贴图文件，存储为Maya IFF文件，并使用该深度贴图文件确定哪些曲面处于阴影中。在某些情况下，可以通过保存和重用深度贴图来缩短渲染时间，如图6-16所示。

◀ 图6-16

(2) 光线跟踪阴影

光线跟踪阴影可以产生柔和、透明的阴影，但可能非常耗时。

光线跟踪是一种阴影渲染类型，在这种情况下，单个光线的路径基于从光源(光)到目标(摄影机)的距离计算得出，只使用光线跟踪阴影可以生成更加精确的阴影，就像现实世界中的阴影一样。

常见的用途包括：随着与对象的距离增加，阴影模糊并且变得更亮(仅适用于区域光)；从透明的有色曲面生成阴影；生成边缘柔和的阴影(尽管深度贴图也可以产生良好的效果)，如图6-17所示。

◀ 图6-17

6.1.4 人物光 ▶▶

为角色或对象照明通常包括以下灯光。

★ 主灯光是照亮角色或对象的主要灯光，对于现实世界中的室外场景，主灯光通常是太阳。主灯光是被拍摄物体的主要照明光线，对物体的形态、轮廓与质感等起着决定作用。在拍摄时，一旦确定了主光源，画面的基础照明及色调等就已基本确定，并且主灯光在一般情况下只有一个，若是有多个主灯光存在，被摄物体就会受光均匀，画面平淡，没有主次之分，并且被摄物体产生的阴影互相叠加、杂乱无章。

★ 次级灯光通常称为辅助灯光，用来填充暗色区域。辅光的主要作用是提高主光源所产生阴影部分的亮度，使阴影部分也能呈现出质感和层次，同时减小影响亮度的反差，并且辅光的强度需要小于主光源的强度。

★ 背光(可选)用于区分角色或对象与背景，是照射背景的光线，主要作用是衬托被摄物体，渲染环境与气氛。自然光和人造光都可作为背景光，背景光的用光一般宽而软，并且均匀，在背景光的运用上，特别注意不要破坏整个画面的影调协调和主体造型。

1. 分割布光

打开本书提供的Maya文件Character.mb，文件是男性模型并带有材质与凹凸，如图6-18所示。

STEP 1 执行Create(创建)｜Lights(灯光)｜Area Light(区域光)命令，创建区域光，将Decay Rate(衰退速率)设置为Linear(线性)，灯光强度将随着距离而直接(以线性方式)下降(比真实世界灯光要慢)；Shadows(阴影)开启Raytrace Shadow Attributes(光线跟踪阴影)，将Shadow Rays(阴影光线数)设置为4，这样能产生柔和而透明的阴影，如图6-19所示。

图6-18

STEP 2 将已设置完成的区域光复制出另一个区域光，将这两个区域光以45°倾斜度放置在人物的左右两侧，并且这两个区域光之间的夹角为90°，如图6-20所示。

图6-19

图6-20

STEP 3 下载并安装mental ray for Maya 2020，将渲染器切换为mental ray渲染器，设置Common(公用)内的图像渲染尺寸，Width(宽度)为480、Height(高度)为640；将Quality(质量)｜Sampling(采样)中的Sampling Mode(采样模式)设置为Legacy Sampling Mode(旧版采样模式)，Legacy Sampling Mode(旧版采样模式)设置为Custom Sampling(自定义采样)，将Min Sample Level(最低采样级别)和Max Sample Level(最高采样级别)都设置为1，增加渲染图片的采样质量，如图6-21所示。

图6-21

STEP 4 单击状态行中的■(渲染当前帧)按钮，弹出渲染视图对话框进行渲染。图6-22是将渲染出的图像与相同布光方法、同样灯光强度的真实摄影相对比的效果图。使用分割布光后，若是将主光源与辅光源的强度一致，在人物的渲染效果图中脸部的结构就会较平。

图6-22

STEP 5 将右边的区域光的Intensity(强度)降为0.5，再次进行渲染当前帧，如图6-23所示，加强了人物面部的线条与结构，明暗交界线柔和过渡，并且能够表现出皮肤的质感。

图6-23

STEP 6 继续将右边的区域光的Intensity(强度)减弱至0.2，然后渲染当前帧，如图6-24所示，渲染图表现出具有明显深度感的空间，使人物五官更加立体、有层次感。

◀ 图6-24

2. 侧光 ▶

侧光是指光源从被摄体的左侧或右侧射来的光线。

STEP 1 ▶ 同样还是两个区域光,主光源与辅光源呈 180°夹角,选择人物模型,将其向左旋转60°,形成几乎全侧的角度,如图6-25所示。

STEP 2 ▶ 将主光源的Intensity(强度)设置为2,辅光源的Intensity(强度)设置为1,然后渲染当前帧,如图6-26所示。这样的布光方式使图像产生强烈的对比,富有表现力,脸部的表面结构明显,每一个微小的起伏变化都能产生明显的阴影,形成强烈的造型效果。

◀ 图6-25

◀ 图6-26

STEP 3 ▶ 将主光源与辅光源向人物模型的前方移动一些距离,灯光的强度并不需要改变,使人物侧面接触光的面积增大,如图6-27所示。

◁ 图6–27

STEP 4 再次渲染，效果如图6–28所示。这样的布光方式较符合人们日常的视觉效果，明暗的比例较为适中，可以很好地表现被摄物体的立体感与质感，轮廓线条清晰，影调层次丰富，亮部与暗部的反差也较为舒适。

◁ 图6–28

3. 顶光

STEP 1 主光源是由头部上方照射的，主光源的强度为1，辅光源的强度为0.1，如图6–29所示。

◁ 图6–29

STEP 2 渲染当前帧，效果如图6-30所示。顶部光源与被摄物体、人物呈90°的夹角，在这样的布光下，人物的眼窝、鼻底、下巴等部位处于阴影之中，造成奇特的影像。

图6-30

STEP 3 将主光源向物体前方移动，增大物体受光面积，灯光强度不需要改变，如图6-31所示。

图6-31

STEP 4 再次渲染当前帧，效果如图6-32所示。

图6-32

STEP 5 继续增加被摄物体的受光面积，将主光源与辅光源继续向前移动，如图6-33所示。再次渲染当前帧，效果如图6-34所示。

◁ 图6-33

◁ 图6-34

4. 逆光

逆光是被摄物体处于光源与相机之间的摄影效果，容易造成被摄物体的暗部曝光不足，背景亮度高于被摄物体。

STEP 1 将主光源置于人物的后侧3/4处，而辅光源位于人物的前方3/4处，使主光源、辅光源与被摄物体呈对角线状，主光源的强度为2，辅光源的强度为0.1，如图6-35所示。

◁ 图6-35

STEP 2 渲染当前帧，效果如图6-36所示。利用逆光方式布光能达到不同寻常的视觉效果，能够锐利鲜明地展现人物的轮廓与表面质感。

◁ 图6-36

STEP 3 增大辅光源的强度至0.3，再次渲染当前帧，增强人物皮肤的质感，增大暗部比例，这样少受光面积、大光比、高反差给人以强烈的艺术效果，完美地勾勒出被摄物体清晰的轮廓，明暗交界线简洁明了，使主体物与背景分离，突显出被摄体的外形起伏和线条，强化被摄体的主体感，效果如图6-37所示。

◁ 图6-37

5. 曝光

曝光是指使感光纸或摄影胶片感光，是由光圈与快门组合而成。

曝光过度是指由于光圈开得过大、底片的感光度太高或曝光时间过长所造成的影像失常。在曝光过度的情况下，底片会显得颜色过暗，所冲洗出的照片则会发白。在显影不足及冲洗时光圈开得过大的情况下也会出现照片颜色发白，有时也因为闪光灯的光线太强所导致。若是曝光过度，则会造成亮部细节的丢失，如图6-38所示。

图6-38

曝光不足是指摄影过程中，因对被摄物体亮度估计不足，使感光材料上感受到的光的亮度不足。例如，彩色负片拍摄时印出的照片颜色浅淡，偏色严重；彩色反转片拍摄时冲洗出的影像密度小，色彩不饱和。对于数码摄影的影像传感器来说，曝光过度会使画面细节损失，高光部分溢出，后期制作无法修复。而曝光不足会造成暗部细节的丢失，使暗部层次单一，如图6-39所示。

图6-39

6.1.5 场景光 »

1. 规划场景时需要考虑光源的特性

★ 柔和度/硬度：强光会产生较强的阴影，强光光源通常包括太阳、灯光等；柔光是漫反射并产生软边，柔光光源通常包括透过织物的灯光、反射的灯光或是阴天的光。

★ 颜色：颜色和温度不可分割，例如，常见的有黄色的路灯、红色的聚光灯照射在蓝色的对象上看起来像是黑色。

★ 强度：光源的强度是指其明亮程度。

2. 室外场景灯光

STEP 1 打开本书所提供的室外场景，这个场景已具有模型与贴图，并且将基本的渲染参数已经设置完成，如图6-40所示。

图6-40

STEP 2 执行Create(创建)│Lights(灯光)│Directional Light(平行光)命令，创建平行光作为主光源，倾斜灯光的角度用来模拟阳光。在选定灯光的情况下，按快捷键Ctrl+A打开灯光属性，调整灯光的颜色为偏暖黄色。勾选Raytrace Shadow Attributes(光线跟踪阴影属性)下的Use Ray Trace Shadows(使用光线跟踪阴影)复选框，如图6-41所示。

图6-41

STEP 3 在场景中按6键显示纹理，按7键显示所有灯光，调整灯光的角度使光线更加拟真。下载mental ray for Maya 2020插件，安装完之后，执行Windows(窗口)│Settings/Preferences(设置/首选项)│Plug-in Manager(插件管理器)命令，弹出插件管理器对话框，将Mayatomr.mll勾选以启用mental ray渲染器，执行Windows(窗口)│Settings/Preferences(设置/首选项)│Preferences(首选项)命令，调整mental ray界面为经典模式，如图6-42所示，保存然后重启Maya。

图6-42

STEP 4 执行Windows(窗口)｜Rendering Editors(渲染编辑器)｜Render Settings(渲染设置)命令，弹出渲染设置对话框，将Render Using(使用以下渲染器渲染)选项更改为mental ray，将渲染器Quality (质量)｜Sampling(采样)的Sampling Mode(采样模式)设置为Legacy Sampling Mode(旧版采样模式)，Legacy Sampling Mode(旧版采样模式)设置为Custom Sampling(自定义采样)，Min Sample Level(最低采样级别)和Max Sample Level(最高采样级别)均设置为1，增加渲染图片的采样质量，如图6-43所示。

图6-43

STEP 5 单击状态行中的▦按钮，弹出渲染视图对话框，对图片进行渲染，效果如图6-44所示。此时渲染图整体颜色过暗，需要提高主光源强度；画面的阴影部分没有层次，需要增加次级光辅助提亮画面层次。

图6-44

STEP 6 ▶ 创建新的Directional Light(平行光)，并以递增旋转Y轴45°的方式复制7个，共8个平行光作为次级光。次级光的强度为0.1，并调整为其他的颜色，以增加色彩层次，按图6-45所示的位置摆放，使每一个次级光之间的夹角为45°，选定所有次级光，向下旋转X轴。

图6-45

STEP 7 ▶ 再次单击■按钮，渲染效果如图6-46所示。

STEP 8 ▶ 渲染画面还是较暗，需要创建环境光作为辅助光提亮整体画面明亮度。执行Create(创建)｜Lights(灯光)｜Ambient Light(环境光)命令，创建环境光，将环境光的强度设置为0.15，再次渲染当前帧，效果如图6-47所示。

图 6-46

图 6-47

　　渲染画面较为适中，但模型与模型的接缝处略显生硬、不真实，例如，花坛与地面的接缝处、墙面与地面的接缝处，弥补这一不足需要继续调整。

STEP 9　单击渲染视图中的▣(保持图像)按钮，以便可以随时查看并与最新渲染的图像进行比较。若不只这一张图像，窗口底部显示的滑块允许将特定图像带到视图中并且无须加载图像，但结束Maya对话框后图像则丢失。

STEP10　选择层编辑器内的渲染栏，单击创建新层按钮，创建新的渲染层 Layer1。执行 Windows(窗口)｜Outliner(大纲视图)命令，利用大纲选中所有模型(不包括灯光和天空)。在 Layer1 渲染层上按住鼠标右键不放向下拖曳，选择 Add Selected Objects(添加选定对象)命令，将选定物体添加至Layer1 渲染层中，如图6-48所示。

图6-48

STEP11 选定Layer1渲染层，单击鼠标右键，在弹出的菜单中选择Attributes(属性)命令，在对话框中单击Presets(预设)按钮，选择Occlusion(遮挡)命令。通道栏内显示遮挡属性，单击Out Color(输出颜色)右端的█按钮调整输出颜色，更改Samples(采样)为32(默认值为16)、Max Distance(最大距离)为2(默认值为0)，如图6-49所示。

图6-49

STEP12 设置完成后，单击█按钮进行渲染，效果如图6-50所示。

◀ 图6-50

STEP13▶ 执行渲染视图中的File(文件)｜Save Image(保存图像)命令，弹出保存图像对话框，将渲染
图像文件保存名称为occ，格式为Targa。滑动窗口底部显示的滑块，将渲染灯光的图像文件保存为
Targa格式，名称为color，如图6-51所示。

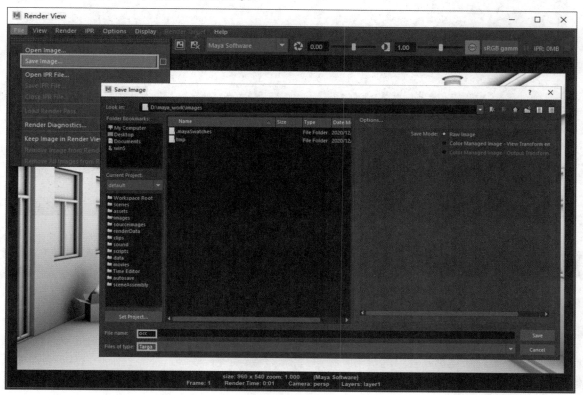

◀ 图6-51

STEP14▶ 在Adobe Photoshop中打开这两张图片，将occ层叠在color层上方，并将图层混合选项调
整为"正片叠底"，如图6-52所示。

图 6-52

STEP15 通过Adobe Photoshop继续调整色调以丰富画面效果，对比效果如图6-53所示。

图 6-53

STEP16 根据所学的灯光知识，模拟制作夜间效果图，如图6-54所示。

图 6-54

6.2 镜头 🔍

6.2.1 镜头原理 »

在Maya中查看场景，无论是在构建场景还是在准备渲染图像，都是通过摄影机进行观察的。我们将其视为一个处于电影布景中的导演正在通过摄影机镜头进行观察，视野受限于可从镜头中查看的范围。

在默认情况下，Maya中有4个摄影机——透视摄影机和3个与默认场景视图相关的正交摄影机(侧、顶、前)。在为对象建模、设置动画、着色和应用纹理时，可以通过这些摄影机(面板)进行观察。

通常用户不会使用这些默认的摄影机渲染场景，而是创建一个或多个透视摄影机，以便进行渲染。与其他任何可用于查看场景的摄影机相比，透视摄影机唯一的区别在于它有一个使其能够渲染场景的标志。

6.2.2　Maya摄影机详解 »

1. 创建和使用摄影机

当需要创建摄影机时，可执行如下操作。

STEP 1 执行Create(创建) | Cameras(摄影机) | Camera(摄影机)命令，创建一个新的摄影机，如图6-55所示。

STEP 2 在透视图中选择摄影机，按快捷键Ctrl+A打开摄影机的属性编辑器，可以设置摄影机的参数，如图6-56所示。

◁ 图6-55

◁ 图6-56

STEP 3 在视图面板工具栏中，执行Panels(面板组) | Perspective(透视图) | camera1(摄影机1)命令，可以切换摄影机，如图6-57所示。

2. Maya摄影机类型

Maya摄影机与真实摄影机相比具有一些优点，提供了更多的创作自由。例如，Maya摄影机不受大小或重量限制，可以移动到场景中的任何位置，甚至是最小型对象的内部。

(1) 静态摄影机与动画摄影机

在Maya中有3种类型的摄影机可帮助用户创建静态和动画场景。

基本摄影机可用于静态场景和简单的动画(向上、向下、一侧到另一侧、进入和出去)，如场景的平移，如图6-58所示。

图6-57

图6-58

1) Camera Properties(摄影机特性)

当摄影机为基本摄影机时，摄影机查看工具如平移、旋转和推拉使用此值来确定观察点，以及从摄影机到兴趣中心的距离(以场景的线性工作单位为单位测量)。

2) Lens Properties(镜头特性)

✳ Focal Length(焦距)：该项可以用于摄影机的属性编辑器，增大焦距可拉近摄影机镜头，并放大对象在摄影机视图中的大小；减小焦距可拉远摄影机镜头，并缩小对象在摄影机视图中的大小；有效值范围为2.5~3500(默认值为35)。

✳ Lens Squeeze Ratio(镜头挤压比)：指摄影机镜头水平压缩图像的程度。大多数摄影机不会压缩所录制的图像，因此其镜头挤压比为1；但是有些摄影机会水平压缩图像，使纵横比框大的图像落在胶片的方形区域内(默认值为1)。

✳ Camera Scale(摄影机比例)：根据场景缩放摄影机的大小。例如，如果摄影机比例为0.5，则摄影机视图的覆盖区域为原来的一半，而对象在摄影机中的视图将是原来的两倍大；如果焦距为35，则摄影机的焦距为70，如图6-59所示。

图6-59

3) Film Back Properties(胶片背特性)

✳ Horizontal Film Aperture(水平胶片光圈)、Vertical Film Aperture(垂直胶片光圈)：摄影机光圈或胶片门的高度和宽度以英寸为单位测量。Camera Aperture(摄影机光圈)属性确定了Focal Length(焦距)属性和Angle of View(视角)属性之间的关系，默认值为 1.4173 和 0.9449。

✳ Horizontal Film Offset(水平胶片偏移)、Vertical Film Offset(垂直胶片偏移)：根据场景垂直和水平偏移分辨率门和胶片门，更改Film Offset(胶片偏移)属性可生成二维轨迹，其测量单位是英寸，默认设置为 0。

✱ Film Fit(胶片适配)：控制分辨率门相对于胶片门的大小。如果分辨率门和胶片门具有相同的纵横比，则Film Fit(胶片适配)设置不起作用。默认设置为Fill(填充)。

✱ Film Fit Offset(胶片适配偏移)：分辨率门相对于胶片门的偏移可以为垂直[如果Film Fit(胶片适配)为Horizontal(水平)]或水平[如果Film Fit(胶片适配)为Vertical(垂直)]。如果Film Fit(胶片适配)为Fill(填充)或Overscan(过扫描)，则Film Fit Offset(胶片适配偏移)不起作用，其测量单位是英寸，默认设置为0。

✱ Overscan(过扫描)：仅缩放摄影机视图(非渲染图像)中的场景大小。调整Overscan(过扫描)值以查看比实际渲染更多或更少的场景。如果显示视图导向，更改Overscan(过扫描)值可更改视图导向周围的空间量，使它们更容易被看见。

4) Clipping Planes(剪裁平面)

Near Clip Plane(近剪裁平面)、Far Clip Plane(远剪裁平面)：对于硬件渲染、矢量渲染和mental ray for Maya渲染，这表示透视摄影机或正交摄影机的近裁剪平面和远剪裁平面距离。Near Clip Plane(近剪裁平面)的默认设置为0.1，Far Clip Plane(远剪裁平面)的默认设置为10000。

对于Maya软件渲染，默认情况下启用Auto Render Clip Plane(自动渲染剪裁平面)，且Near Clip Plane(近剪裁平面)和Far Clip Plane(远剪裁平面)值并不确定剪裁平面的位置。

如果近剪裁平面和远剪裁平面之间的距离远大于在场景中包含所有对象所需的距离，则某些对象的图像质量可能较差。将Near Clip Plane(近剪裁平面)和Far Clip Plane(远剪裁平面)属性分别设定为最小和最大值，从而产生所需结果。

Camera and Aim(摄影机和目标)摄影机可用于较为复杂的动画(例如沿一个路径)，如追踪鸟的飞行路线的摄影机。

创建双节点摄影机，该摄影机是基本摄影机加上目标–向量控件，使摄像机指向指定"注视"点，如图6-60所示。

使用摄影机Camera、目标Aim和上方向Up可以指定摄影机的哪一端必须朝上。此摄影机适用于复杂的动画，如随着转动的过山车移动的摄影机。

创建三节点摄影机，这种摄影机是基本摄影机，具有用于旋转摄影机的目标向量控制和上方向向量控制，如图6-61所示。

◀ 图6-60

◀ 图6-61

(2) 立体摄影机

使用立体摄影机可创建具有三维景深的渲染效果。当渲染立体场景时，Maya会考虑所有的立体摄影机属性，并执行计算以生成可被其他程序合成的立体图或平行图像。

摄影机装备可以通过MEL或Python脚本，或使用Custom Stereo Rig Editor(自定义立体装备编辑器)进行自定义。用户也可以使用Multi-Camera Rig Tool(多重摄影机装备工具)创建由两个或更多立体摄影机组成的多重摄影机装备，如图6-62所示。

◀ 图6-62

6.2.3　静态影像与动态影像构图　»

　　三维空间中的构图与摄影构图相类似，可以说本质上是相通的。但是对于初学者来说，毕竟摄影是发生在真实的三维空间中，人在用相机取景的时候看到的是立体的画面。而在计算机的显示设备上大多都是平面的显示，这时人眼只能通过画面的移动来感知场景的空间。

　　现实生活中人们只要用眼睛一看便知谁在远处，谁在近处；计算机的显示设备上看得却并不这么直观，是两种完全不同的感受，如图6-63所示。

◀ 图6-63

　　如果使用计算机来控制空间构图，摄影机的空间架设位置拥有极大的自由度。但在现实中，由于受各种因素的影响，许多情况下摄影机的高度一般不会超过2米。虚拟空间摄影机的这种自由度为艺术创作带来了很多便利与发挥空间，但对于还未掌握好在三维空间中架设摄影机的初学者来说，这种自由度也带来了很多误区。一种常见的构图就是类似于监控摄像角度的构图方法，摄影机处于被摄场景横向与纵向的45°向下，如图6-64所示。

　　这个角度很适合人眼观看到场景内的所有物体，对于长期画静物的人来说也是这个习惯，静物

◀ 图6-64

总是放在离视角比较低的位置，与这种监控摄像的角度类似。但是在这种位置拍出来的画面，在深度方向的层次感非常缺乏。在一些大的空间场景中经常见到很多初学者采取这种方式架设摄影机，其实现实环境中摄像位置大多并没有那么高，或者也很难架到那么高。这时候拍摄出来的画面就容易让人感到物体都很小，没有具体突出的对象，也没有很大的空间感受，一切都处于远处的一个平面上，物体之间只有一个接近于平面上的左右或者上下的位置关系。

另一个问题就是初学者因为在三维软件中制作一个模型，所以需要很大幅度地不断变换各种角度去推敲物体的形态。例如，当制作一个等大的人体雕塑时，创作者要一边观察一边塑造形体，其位置移动幅度很大，有时会站很高去雕刻顶部的细节，有时会趴很低去雕刻脚部的细节，在这一过程中，创作者以这个雕塑为中心在3~10米空间内不停地运动(以一个模型为中心，放一个人在旁边，标一个圆形的活动观察区域)。而在软件的三维空间中，一个人体雕塑只在屏幕的范围内活动，操作者本身并不用进行大幅度的运动，一个很轻松的鼠标移动可能就造成摄影机在空间内几十甚至上百米的运动，这种长时间的操作容易让制作者对摄影机细微的位置改变的敏感度降低。创作者很容易习惯性地像建模阶段一样，大幅度直接控制画面来调节摄影机的位置。在一个位置上感觉不好就换到相距甚远的位置，换来换去都不理想。所以，这时我们不妨放弃这种和建模阶段一样的操作方法，在场景中架设一台摄影机后开设另外一台摄影机角度，用一个窗口来操作摄影机，另一个窗口放映这个摄影机的画面，而不是在这个窗口内直接控制位置。这样创作者就能得到一种在现实中进行拍摄的体验，既能看到摄影机的位置，又能看到摄影机拍摄出来的画面，场景也从之前的制作感受变成摄影棚一样的拍摄感受，如图6-65所示。

摄影机

透视视图

摄影机视图

◀ 图6-65

动态画面构图多为在规定时间内，将要叙述的画面拆分成多个画面来展现给观众，这种视听语言在时空上需要形成一种逻辑性。每一种构图方式就像语言中的名词、动词、语法一样有着其特有的存在意义。动态作品相对于静态作品来说，不会一直放在那里让观众看。一个画面的出现与停止都有其固定的时间长度，然后是下一个画面，有着其自身的生命周期。所以，如何在固定的时间长度内给观众传达想要表达的视觉印象，是把握动态画面与静态画面构图方式不同的重要特征。

6.3 渲染 🔍 ➡

6.3.1 渲染原理 ≫

渲染作为一种特殊的技术手段分为两种——即时渲染和非即时渲染。通过操作软件进入三维空间，软件反馈给我们的空间画面就是正在运行着的即时渲染。这种方式是基于GPU渲染或者也叫显卡渲染，更易懂的是我们操作游戏的过程也属于即时渲染。它是作为一种实时的空间所存在的，渲染出的画面也是随操作者即时的方向即时呈现，画面不会被记录下来。这种方式多运用在交互性、变化性较强的领域中，如图6-66所示。

另一种是非即时渲染，画面中出现的事件、人物，以及镜头的走向，都是固定安排好的，然后按一定的时间长度渲染出相对的画面序列来，最后输出成为一段视频影像。这种方式多用于动画影视作品，渲染出来的画面具有极高的准确性，更易于动画影视创作时的分工协作，如图6-67所示。

◀ 图6-66

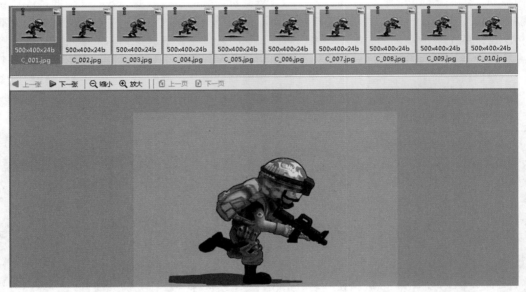

◀ 图6-67

初学者看到的各种影像作品多为流媒体格式的文件，其实是将成千上万张画面连续播放的一种文件形式，例如常见的AVI、MOV、RMVB等。在制作这种影像的时候，我们需要将这种形式打开，变成画面的序列，就像老的电影胶片一样。一般情况下，我们在渲染的时候需要输出一幅幅的单张画面。

这种方式有两个好处，一是在渲染的过程中，计算机可能会出错，或者你突然想要修改一下后面的画面，这时可以终止渲染，之前的画面会被单独保留下来，只要继续从终止处开始重新渲染后面的即可，或者只渲染其中几张有问题的画面，这在一定程度上减少了重复渲染的时间。另一个好处是，一般处理比较大的场景时，渲染时间会比较长，这时就可以将渲染的帧数按比例分配给多台计算机进行渲染，每增加一台计算机，时间就有可能相应地减少。

在进行渲染之前，有一个步骤性的工作往往容易被初学者忽视，就是渲染周期的规划。这其实是一项很简单的工作，就是在每个要渲染的场景中，对单帧画面进行渲染测试，所需的渲染时间乘以帧数得到的就是渲染的总时长。例如，我们要渲染一个1500帧的镜头，单帧测试的时间为2分钟，这样要渲染完这个镜头就大概需要3000分钟的渲染时长，再将这个时长除以60就得到50小时的渲染时间。如果只有一台计算机的话，就需要两天的时间来完成；而如果有相同的10台计算机的话，那就仅仅需要5个小时的渲染时间。从表面上看，这仅仅是一个制作上的步骤问题，其实对渲染时长的规划直接影响着作品画面的渲染质量。要知道每一个作品都有一定的制作周期，而不能无限地进行渲染工作。这个渲染的周期也要规划到作品的有限资源之中，必须将每张画面的渲染时间控制在一定时间内，才有可能在规定的时间内完成作品。在过程中很多渲染数值需要进行平衡调节，不能无限度地增加渲染时间，要知道若是在单帧画面上增加几秒的渲染时间，整体影片却要增加相应帧数成倍的时间。其实在三维软件之中，画面渲染质量比较低的效果一般需要几分钟，中等质量的需要十几分钟，而一些电影画面可能单帧就需要30小时。

成熟的创作者会在作品的制作之初就规划好渲染时间，根据需要制作的时长计算出帧数，再根据现有设备条件计算出渲染时间，从而得到单帧的渲染时长。依据这个时长调节测试画面，确定哪些渲染功能可以开，哪些不可以开。然后运用一些辅助方法来进行画面上的协调。而不成熟的创作者会不计时间地追求画面效果，然后得到的测试画面可能需要几十分钟的单帧渲染时间，依据现有条件发现要用几个月的时间来渲染，作品根本无法在一定的周期内完成，这种方式是不可取的。所以，在任何一个作品创作初期就要制作好渲染计划是相当重要的一项工作。

6.3.2　Maya渲染详解 ▶▶

渲染是3D计算机图形生成过程中的最后阶段。

如果用户对测试渲染期间生成的场景感到满意，则可以执行最终渲染，即在Maya中对单个帧、部分动画(多个帧)或整个动画执行可视化和最终渲染。

最高质量的图像通常需要花费的渲染时间也最长。高效方法的关键是能在尽可能少的时间内生成质量足够好的图像，以便满足最终的生产期限。

1. 软件渲染

软件渲染可生成最优质的图像，从而达到最精致的效果。

(1) Maya 软件渲染器

Maya软件渲染器支持Maya的所有实体类型，包括粒子、几何体、绘制效果(作为渲染后处理)和流体效果。

Maya 软件渲染器具有IPR功能(交互式照片真实渲染)，这一工具允许对最终渲染图像进行交互调整，可以大大提高渲染效率。

(2) mental ray渲染器

Maya的mental ray渲染器不仅提供了真实照片级渲染通常具备的所有功能，同时还融入了大多数渲染软件所没有的一些功能。

2. 硬件渲染

硬件渲染是指使用计算机的显卡及安装在计算机中的驱动器将图像渲染到磁盘。通常情况下，硬件渲染比软件渲染的速度更快，但其生成的图像质量不如软件渲染。在某些情况下，硬件渲染也可以生成广播级效果。

硬件渲染虽然无法生成一些最精致的效果，例如某些高级阴影、反射和后期处理效果。但是它提供了一种直观的工作流生成预览，并用硬件渲染得到粒子的硬件渲染图像。用户可以使用Render View(渲染视图)渲染并显示图像，允许在着色和照明期间比较图像。

3. 矢量渲染

矢量渲染支持以各种位图图像格式和2D矢量格式创建的渲染，例如卡通、色调艺术、线条艺术、隐藏线和线框。用户可以使用Maya矢量渲染器创建各种位图图像格式(如TIFF等)或其他2D矢量固定格式渲染(如卡通、艺术色调、艺术线条、隐藏线和线框)。

6.3.3 渲染的常用格式 ≫

在Maya中可用若干种标准图像文件格式保存渲染的图像文件。

默认情况下，Maya 用 Maya IFF (Maya图像文件格式)保存渲染的图像文件。Maya IFF是最有效的格式之一，使用该格式不会丢失任何数据。所有其他文件格式都是从 Maya IFF 格式转换的。

✳ Maya IFF(.iff)：支持Maya硬件渲染与mental ray渲染。mental ray中的IFF图像允许将颜色和深度信息写入单个文件中，这需要在Render Settings(渲染设置)对话框中正确地设定参数，File Output(文件输出)区域中的Depth Channel(深度通道)必须处于启用状态。

✳ Targa(.tga)：支持Maya硬件渲染与mental ray渲染。

✳ Tiff(.tif)：支持Maya硬件渲染与mental ray渲染。

6.3.4 管理渲染及批量渲染 ≫

执行Windows(窗口)｜Rendering Editors(渲染编辑器)｜Render Settings(渲染设置)命令，弹出渲染设置对话框，如图6-68所示。

✳ Render Using(选择渲染器)：根据场景与渲染需要选择使用的渲染器，通常在测试静帧渲染速度与效果时已确定选择某一渲染器。

✳ File name prefix(文件名前缀)：在该文本框中输入文件名前缀，若未设置则默认使用场景名称为文件名前缀。

✳ Image format(图像格式)：选择图像格式，默认为Maya IFF(iff)。

✳ Frame/Animation ext(选择帧/动画扩展)：选择帧/动画扩展名为name.#.ext(批量渲染序列帧动画时)。

✳ Frame padding(帧填充)：根据场景需要选择，若场景帧数为0~99则选择3，若场景帧数为100~999则选择4，以此类推，选择帧填充的位数总比场景帧位数多一位。

✳ Frame Range(帧范围)：在相应文本框中可输入Start frame(开始帧)与End frame(结束帧)。

✳ Renderable Cameras(可渲染摄影机)：从一个或多个摄影机渲染场景。默认值为从一个摄影机渲染。如果要(仅)从一个摄影机渲染场景，可从下拉列表中选择摄影机。默认情况下，persp摄影机是可渲染摄影机。

✳ Image Size(图像大小)：可在预设下拉列表中根据Maya现有的图像大小选择，如图6-69所示。

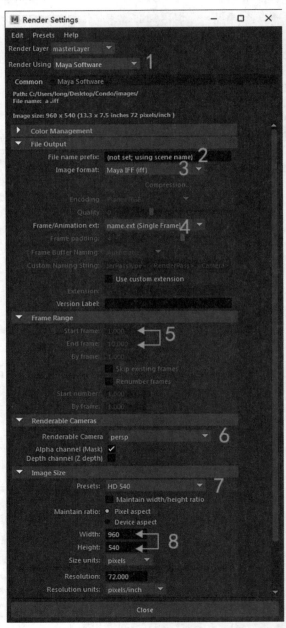

◁ 图6-68

✱ 自定义图像大小：在Wight(宽度)与Height(高度)文本框中直接输入所需图像的宽高即可，预设项自动选择为Custom(自定义)。

6.3.5 渲染错误的检查方法 »

将主菜单切换至Rendering(渲染)，执行Render(渲染)|Run Render Diagnostics (运行渲染诊断)命令，打开Script Editor(脚本编辑器)，显示场景中潜在的问题列表，如图6-70所示。

使用Render Diagnostics(渲染诊断)工具，可以监视和优化场景进行渲染的程度，并查看可能出现的限制和潜在问题。例如，远处或模糊的曲面可能不需要与靠近摄影机的曲面具有相同程度的视觉精度或照片级真实感。

在调整对象之后和渲染之前执行Render Diagnostics(渲染诊断)命令，以获取有关如何才能提高性能的有价值信息并避免限制。用户可以在试用渲染设置时或者在开始最终渲染之前运行诊断，加快渲染时间和减少内存使用量。

◀ 图6-69

◀ 图6-70

课后练习 🔍

根据本章所学的灯光知识，模拟制作夜间效果图，效果如图6-71所示。

◀ 图6-71

第 7 章

Maya 动画

本章主要讲解动画原理、人物骨骼绑定、绘制权重和二足四足动物的运动规律，根据运动规律制作人物和动物的行走动画。

本章重点

- 动画的物理性原理
- Maya动画原理
- 骨骼、绑定与权重
- 角色动画

7.1　动画的物理性原理

　　基于对现实的再现，西方绘画通过对光线、解剖、透视等的研究，总结出了一套科学的绘画方法。动画艺术也是一样，通过研究物体的各种物理现象与规律，人们总结出了一套在画面上表现运动的方法。没有出现计算机动画以前，许多物理性的动画都是依靠各种辅助的手段来进行绘制的。简单来说就是用人脑去计算很多物理现象。简单举例说明，比如一个皮球落下，这里就有惯性、重力、摩擦力及弹性等多个物理作用的共同体现。要在画面上再现这一过程，需要通过大量的分析实验。每一张画面之间的位移多少，小球掉落在地面上会产生哪种造型，依据的都是这些物理现象。而计算机动画出现以后，这种物理计算的工作逐渐被程序所取代，但是很多动画制作者在制作这类动画的时候还是比较喜欢用手动的方式去调制，不依赖于物理的程序，我们一样可以调出或者绘制出一段有物理现象的动画。我们需要理解的是这些物理现象与规律并不是仅仅通过学习完物理课程就能掌握。比如一个篮球运动员，他在投一个三分球的时候，并不会先停下来用计算器去算一下角度、力度、抛物线，然后再拿起球来投向篮圈，如图7-1所示。

◀ 图7-1

　　抑或你端着一盆水走路的时候，知道走得急了水可能会洒出来，这些物理性的运动规律是人们掌握的生活常识。我们在现实中进行每一项运动行为之前已经通过大脑计算与预估出了这种行为产生的后果，对于所有即将发生的事件我们都具备一定能力的预判。所以，一方面，通过理性的分析了解事物运行的科学依据是什么固然重要；另一方面，我们也要充分将自身的预判能力运用到动画制作的过程中，而且稍加夸张或者抑制，会使我们得到一种对作品的掌控能力，逐渐做到收放自如。作为初学者，更要理解其中的深意，在发现三维软件中有物理运算的核心后，就完全放弃了这种自身的预知能力，这样做是不可取的。其实需要结合两者的优点，才能更好地做出自己想要的作品，还是那句话，不要过分地依赖你的工具。

7.2　Maya动画原理

　　Maya动画提供了功能强大的工具，使场景中的角色和对象充满活力。通过这些工具，可以自由地为对象的任何属性设置动画，并获得成功实现随时间变换的关节与骨骼、IK控制柄及模型所需的控制能力。

　　在本节中，可以找到有关Maya的各种动画技术、如何使用不同类型的动画，以及如何预览、播放和保存动画的信息。

7.2.1　动画技术的基本分类 ❯❯

　　★ 关键帧动画：指通过设置关键帧变换对象或骨骼。例如，可以为角色的手臂关节和IK控制柄设置关键帧以创建其手臂挥动的动画。

　　★ 受驱动关键帧动画：指通过设置受驱动关键帧来使用一个对象的属性链接和驱动另一个对象的属性。例如，将角色的X和Z平移作为Driver(驱动者)属性为其设置关键帧，并且将门模型的Y旋转作为Driven(受驱动)属性为其设置关键帧,以创建角色和摆动着的门的动画。

★ 非线性动画:指分割、复制和混合动画片段以实现所需的运动效果。例如,可以使用非线性动画为角色创建行走循环。

★ 路径动画:指将曲线设定为对象的动画路径。当将一个对象附加到一条运动路径上时,该对象将在动画期间沿该曲线运动。例如,将场景中的公路作为运动路径分配给汽车模型,该汽车模型将在播放动画时沿公路行驶。

7.2.2 动画基本界面与命令 »

在范围滑块和Animation Preferences(动画首选项)按钮之间的是当前角色控制功能和自动关键帧设定Auto Key(自动关键帧)按钮,如图7-2所示。

图7-2

1. 时间滑块

时间滑块用于控制播放范围、关键帧和播放范围内的受控关键点,如图7-3所示。

图7-3

当前时间指示器是时间滑块上的灰色块,可以拖动它在动画中前后移动。默认情况下,时间滑块中的拖动操作仅更新活动视图。

2. 关键帧标记

关键帧标记是时间滑块中的红色标记(默认为红色),表示为选定对象设定的关键帧。受控关键点是在时间滑块中显示为绿色标记的特殊类型关键帧。可在Preferences(首选项)对话框中启用或禁用Key Ticks(关键帧标记)的可见性,还可以设定显示在时间滑块中的关键帧标记的大小和颜色,如图7-4所示。

图7-4

3. 时间单位

时间滑块上的直尺标记和相关数字可以显示时间。若要定义播放速率,从Preferences(首选项)对话框的Settings Category(设置类)中选择所需时间。Maya的默认测量时间为每秒24帧,这是影片的标准帧速率,如图7-5所示。

默认情况下,Maya以秒为单位来播放动画。可以更改时间设置,而不会影响动画的关键帧行为。

4. 当前时间字段

时间滑块右侧的输入字段是以当前时间单位表示的当前时间,可以输入一个新值来更改当前时间,场景将移动到该时间位置,并相应更新当前的时间指示器,如图7-6所示。

图 7-5

当前时间字段

图 7-6

5. 范围滑块

范围滑块用于控制时间滑块中反映的播放范围，如图7-7所示。

图 7-7

★ 动画开始时间：用于设定动画的开始时间。

★ 动画结束时间：用于设定动画的结束时间。

★ 播放开始时间：用于显示播放范围的当前开始时间。用户可以输入新的开始时间(包括负值)来更改该时间，如果输入的数值大于播放结束时间，则播放结束时间会自动调节数值，且大于播放开始时间。

★ 播放结束时间：用于显示播放范围的当前结束时间。用户可以输入新的结束时间来更改此时间，如果输入的数值小于播放开始时间，则播放开始时间会自动调节数值，且小于播放结束时间。

6. 播放控件

播放控件是控制动画播放的按钮，播放范围显示在时间滑块中，如图7-8所示。

图 7-8

★ Go to Star(跳到时间范围起始帧)：单击此按钮转到播放范围的起点。

★ Step Back Frame(上一帧)：单击此按钮后退一个时间(或帧)。默认快捷键为Alt+,(逗号)键。

★ ◀▮Step Back Key(上一关键帧)：单击此按钮后退一个关键帧。默认快捷键为,(逗号)键。

★ ◀Play Backwards(倒放动画)：单击此按钮以反向播放，按 Esc 键停止播放。

★ ▶Play Forwards(播放动画)：单击此按钮以正向播放。默认快捷键为Alt+V。

★ ▮▶ Step Forward Key(下一关键帧)：单击此按钮前进一个关键帧。默认快捷键为.(句点)键。

★ ▶▮Step Forward Frame(下一帧)：单击此按钮前进一个时间(或帧)。默认快捷键为Alt+.(句点) 键。

★ ▶▮Go to End(跳到时间范围结束帧)：单击此按钮转到播放范围的结尾。

★ ▮停止按钮：单击此按钮停止播放。此按钮仅在播放动画时显示，用于替换向前播放或向后播放按钮，默认快捷键为Esc键。

7. Animation Preferences(动画首选项)

单击▩按钮用于启动Preferences(首选项)对话框，在此对话框中可设定Maya动画的Time Slider(时间滑块)、Playback(播放)、Animation(动画)和Sound(声音)首选项，如图7-9所示。

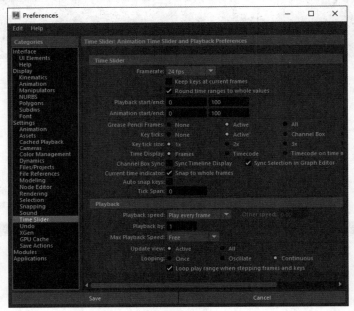

◀ 图7-9

★ Playback start/end(播放开始/结束)：指定播放范围开始和结束的时间。播放开始和结束的时间决定时间滑块播放范围。播放范围始终在动画范围内，如图7-10所示。

◀ 图7-10

★ Animation start/end(动画开始/结束)：指定动画范围开始和结束的时间。动画开始和结束的时间决定"范围滑块"范围。播放范围始终在动画范围内，因此更改动画开始和结束的时间也会更改播放开始和结束的时间。默认动画开始的时间为 1.00，默认动画结束的时间为 48.00，如图7-11所示。

◀ 图7-11

✱ Playback speed(播放速度)：指定播放场景的速度。选择Play every frame(播放每一帧)、Real-time(24 fps)[实时(24 fps)]、Half(12 fps)[一半(12 fps)]、Twice(48 fps)[两倍(48 fps)]或Other(其他)。默认为Play every frame(播放每一帧)，也可以指定播放时间单位。

• Play every frame(播放每一帧)：播放场景中的所有帧，在显示下一个之前更新每个帧。速度取决于计算机计算和绘制每帧所花费的时间，可以在播放每N帧字段指定播放帧增量。例如，播放值为2将导致只播放其他帧。

• Real-time(24 fps)[实时(24 fps)]：以实时或每秒 24 帧(fps)的速度播放场景。Maya可能不显示所有帧，这取决于工作站的功能、场景的复杂性和显示模式(例如线框或平滑着色处理)。

• Half(12 fps)[一半(12 fps)]：以实时速度的一半或每秒 12 帧(fps)的速度播放场景。

• Twice(48 fps)[两倍(48 fps)]：以实时速度的两倍或每秒 48 帧(fps)的速度播放场景。

• Other(其他)：以Other speed(其他速度)中设定的播放速度播放场景。

✱ Other speed(其他速度)：自定义场景的播放速度(每秒帧数)。例如，如果指定其他速度值为72，则将以72fps的速度播放场景中的动画，该选项仅在从播放速度下拉列表中选择其他后可用。

✱ Playback by(播放每N 帧)：如果将Playback speed(播放速度)设定为Play every frame(播放每一帧)，那么在这里指定播放增量。例如，如果输入 4，Maya 将只以每4帧(或时间)的速度播放，默认值为 1，也可以指定播放的时间单位。

✱ Max Playback Speed(最大播放速率)：通过指定不允许超过的场景动画播放速度，可限制场景播放速度。当处理具有复杂粒子效果等产生较大 CPU 活动波动的场景时，这将非常有用。

• Free(自由)：指定无Max Playback Speed(最大播放速率)。

• Real-time(24 fps)[实时(24 fps)]：指定场景动画的总体播放速度为尽可能快，但不会超过24 fps。

• 一半(12 fps)[Half(12 fps)]：指定场景动画的总体播放速度为尽可能快，但不会超过12 fps。

• 两倍(48 fps)[Twice(48 fps)]：指定场景动画的总体播放速度为尽可能快，但不会超过48 fps。

7.2.3 小球关键帧动画 »

关键帧可以是任意标记，用于指定对象在特定时间内的属性值。设置关键帧是创建用于指定动画中的计时和动作标记的过程。动画是创建和编辑对象中随时间更改的属性的过程。

创建对象后，可以设置一些关键帧，用于表示该对象的属性何时在动画中发生更改。设置关键帧包括将时间移动到要为某属性建立值的位置，设定该值，然后在此处放置一个关键帧。实际上是在该时间记录属性的快照，可以重新排列、移除和复制关键帧及关键帧序列。

STEP 1 创建多边形球体与平面作为小球与地面，如图7-12所示。

STEP 2 选定小球模型，在第1帧处按S键设置关键帧，为对象设置关键帧后的变化如图7-13所示，通道栏内对象的属性文本框呈红色，在时间滑块上设置关键帧的位置，显示红色标记作为关键帧标记。

◁ 图7-12

◀图7-13

STEP 3 将时间滑块滑动至第20帧的位置，选定小球对象，向右移动5个单位或任意长度，然后按S键设置关键帧，时间滑块上出现两个红色关键帧标记，如图7-14所示，这时滑动时间滑块检查动画。

◀图7-14

STEP 4 将时间滑块滑动至第10帧处，选择小球对象，向上移动Y轴两个单位，并按S键设置关键帧，再次滑动时间滑块检查小球跳跃动画，如图7-15所示。

◀图7-15

7.2.4 编辑关键帧 »

1. 剪切关键帧

剪切关键帧就是将关键帧复制到关键帧剪贴板中，以达到删除它们的目的。

STEP 1 若要选择单个关键帧，可在时间滑块中单击该关键帧。当前时间指示器将移动到单击的位置，且该关键帧现已选定；若要选择多个关键帧，可按住Shift键的同时在时间滑块中相应范围的关键帧内拖动。该范围内的关键帧现已选中并以红色亮显，如图7-16所示。

STEP 2 单击鼠标右键，在弹出的菜单中选择Cut(剪切)命令即可，如图7-17所示。

图7-16

图7-17

2. 复制关键帧

关键帧可以被复制到关键帧剪贴板。

STEP 1 使用同样的方法，首先选择单个关键帧或关键帧范围。

STEP 2 单击鼠标右键，在弹出的菜单中选择Copy(复制)命令即可，如图7-18所示。

图7-18

3. 粘贴关键帧

用户可以将剪切的关键帧或者复制的关键帧从场景中的一个对象粘贴到另一个对象。

STEP 1 若要粘贴单个关键帧，可在时间滑块中单击该关键帧。当前时间指示器将移动到单击的位置，且该关键帧已被选定；若要粘贴多个关键帧，可按住Shift键的同时在时间滑块中相应范围的关键帧内拖动。该范围内的关键帧即可选中并以红色亮显。

STEP 2 单击鼠标右键，在弹出的菜单中选择Paste(粘贴) | Paste(粘贴)命令即可，如图7-19所示。

图7-19

4. 删除关键帧

STEP 1 ▶ 使用同样的方法，首先选择单个关键帧或关键帧范围。

STEP 2 ▶ 在关键帧上单击鼠标右键，在弹出的菜单中选择Delete(删除)命令即可，如图7-20所示。

5. 缩放、移动关键帧

STEP 1 ▶ 使用同样的方法，首先选择单个关键帧或关键帧范围。

STEP 2 ▶ 按住红色范围内位于中间的黄色三角标识进行左右拖动为平移关键帧；按住红色范围两端的任意一个黄色三角标识进行拖动为缩放关键帧，如图7-21所示。

◀ 图7-20

◀ 图7-21

7.2.5 Graph Editor(曲线图编辑器) »

执行Windows(窗口)│Animation Editors(动画编辑器)│Graph Editor(曲线图编辑器)命令，打开曲线图编辑器，如图7-22所示。

◀ 图7-22

1. 大纲视图

动画曲线与Graph Editor(曲线图编辑器)的大纲视图部分的节点关联，选择节点会导致其所有动画曲线显示在图表视图中。

Graph Editor(曲线图编辑器)的大纲视图中的每一个项目以可收拢和展开可视通道层次的小图标形式包含特殊附加信息。

(1) 大纲视图中的通道

如果已通过简单的关键帧为对象设定动画，则对于所选对象的每个属性，将存在一条驱动该属性的动画曲线。在这种情况下，该对象的每个动画属性(通道)将在对象的下方缩进列出，如图7-23所示。

(2) 大纲视图的分割控制

大纲视图可以分割曲线图编辑器，以便可以同时查看两个列表，从而更轻松地切换不同轴向的动画曲线。

若要分割大纲视图，可朝向大纲视图的底部移动光标，此时将看到光标图标变为上下图标。现在可以拖动光标以移动大纲视图的分隔符，这将创建第二个大纲视图空间，如图7-24所示。

图7-23

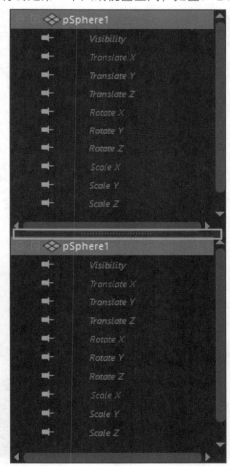

图7-24

2. 图表视图

Graph Editor(曲线图编辑器)的图表视图显示动画曲线分段、关键帧和关键帧切线，如图7-25所示。

◀图7-25

在Graph Editor(曲线图编辑器)中的任何位置单击鼠标右键,打开Graph Editor(曲线图编辑器)的快捷菜单。

除了工具栏中的Graph Editor(曲线图编辑器)工具以外,还可以使用Select Tool(选择工具)、Move Tool(移动工具)和Scale Tool(缩放工具)来操纵Graph Editor(曲线图编辑器)的图表视图中的关键帧。

(1) Select Tool(选择工具)

使用Select Tool(选择工具)可选择图表视图中的曲线、分段、切线和关键帧。

用户按住鼠标按键向下拖动可选择该区域中的内容,还可以单击动画曲线、切线控制柄或关键帧以选择单个对象。

(2) Move Keys Tool(移动关键帧工具)

使用Move Keys Tool(移动关键帧工具)可选择并操纵图表视图中的对象。

仅当Graph Editor(曲线图编辑器)处于活动状态时,Move Tool(移动工具)的Move Key Settings(移动关键帧设置)才可用。

(3) Scale Keys Tool(缩放关键帧工具)

使用Scale Keys Tool(缩放关键帧工具)可缩放图表视图中动画曲线分段的区域和关键帧的位置。

7.2.6 模拟小球下落 ≫

模拟小球下落的操作步骤如下。

STEP 1 创建多边形小球和地面,模拟小球静止释放下落的运动曲线,如图7-26所示。橙黄色曲线为设想的运动曲线。

STEP 2 单击播放控件栏中的 Animation Preferences(动画首选项)按钮,打开Preferences(首选项)对话框,将Playback speed(播放速度)改为24fps×1(默认为 Paly every frame),单击Save(保存)按钮确认并保存修改,如图7-27所示。

◀图7-26

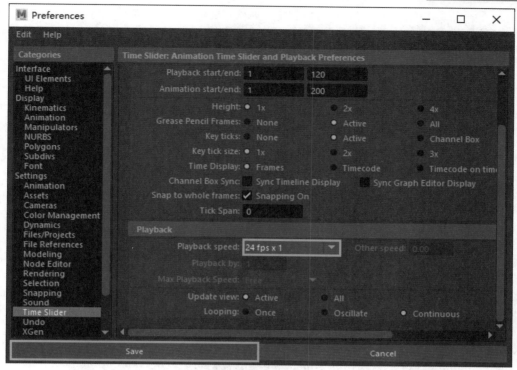

◀图7-27

STEP 3 按照图7-28所示设置关键帧。

STEP 4 执行菜单栏中的Windows(窗口)｜Animation Editors(动画编辑器)｜Graph Editor(曲线图编辑器)命令，打开曲线图编辑器，选定小球对象，在曲线图编辑器的图表视图中显示小球所有的运动曲线，如图7-29所示。

◀图7-28

◀图7-29

STEP 5 所有的运动曲线同时显示不方便观察与调整，需要分析有用的曲线。对象小球在失去重力下落并忽略旋转的情况下，只考虑质量上重力的下落(Y轴)和外作用力向前的跳跃(X轴)，同样可以不考虑外作用力，如图7-30所示。

◁ 图7-30

STEP 6 在曲线图编辑器的大纲视图中单击小球的Translate Y运动曲线，将其单独显示，如图7-31所示。

◁ 图7-31

STEP 7 在图表视图中选择关键帧后，显示出对象关键帧的切线，然后单击曲线图编辑器工具栏中的Break Tangents(断开切线)按钮，断开的切线会显示为虚线，选择被断开的切线进行调整，调整为如图7-32所示的曲线。

◁ 图7-32

STEP 8 ▶ 将所有的关键帧切线断开，并调整为如图7-33所示的运动曲线，使小球的Translate Y轴以重力加速度的运动规律进行下落运动。

◀ 图7-33

STEP 9 ▶ 播放动画，小球运动如图7-34所示。

◀ 图7-34

7.2.7　模拟摩天轮运动 ≫

模拟摩天轮运动的操作步骤如下。

STEP 1 ▶ 打开本书提供的摩天轮Ferris wheel.mb文件，包含摩天轮转盘、支架和缆车，也可以自己利用所学知识建造摩天轮模型，如图7-35所示。

◀ 图7-35

STEP 2 执行Create(创建)│Locator(定位器)命令，创建定位器，将其移动至摩天轮转盘中心位置(若是用本书提供的文件，可参考图中所示的Locator数值)。执行Modify(修改)│Freeze Transformations(冻结变换)命令，将Locator(定位器)的所有数值冻结还原，然后将Locator改名为Locator_all，方便后期动画制作，如图7-36所示。

STEP 3 继续创建3个定位器，并行放置在缆车链接轴处，执行Modify(修改)│Freeze Transformations(冻结变换)命令，将3个定位器的数值冻结还原，使用默认名称Locator1、Locator2、Locator3即可，如图7-37所示。

图7-36　　　　　　　　　　　　　　　图7-37

STEP 4 设置父子关系，使选定节点成为最后选定节点(关键对象)的子对象。选择要指定给父对象的对象，然后按住 Shift 键的同时选择父对象，执行Edit(编辑)│Parent(父对象)命令，或者按P键。也就是说，如果按顺序选定两个对象，则第一个选定对象将成为第二个选定对象的子对象。父对象操作完成后，子对象将保持选定状态而父对象将被取消选择。

① 选择缆车对象，按住Shift键加选Locator3，按P键做父子关系，将缆车对象作为Locator3的子对象。

② 选择Locator3，按住Shift键加选Locator2，按P键将Locator3作为Locator2的子对象。

③ 选择Locator2，按住Shift键加选Locator1，按P键将Locator2作为Locator1的子对象。

④ 执行Windows(窗口)│Outliner(大纲视图)命令，找到大纲内摩天轮转盘的组Dial，或者是选择转盘的任意部分后按↑键，若是有多层组则按多次↑键。选定Dial组，按住Shift键加选Locator_all，按P键将Dial组作为Locator_all的子对象。

⑤ 选择Locator1，按住Shift键加选Locator_all，按P键将Locator1作为Locator_all的子对象。

⑥ 打开大纲检查父子关系，如图7-38所示。

STEP 5 将场景总时间帧数改为1000帧，并从动画首选项内将播放时间改为Real-time[24 fps]。

STEP 6 选择Locator_all，在第1帧时按S键设置关键帧；将当前时间指示器滑动至第1000帧，将Locator_all的Rotate Z轴旋转至360°，按S键设置关键帧；播放动画发现缆车已经跟着转盘运动，但并不符合运动规律，如图7-39所示。

STEP 7 将当前时间指示器滑动至第1帧，选择Locator2，按S键设置关键帧；再将当前时间指示器滑动至第1000帧，选择Locator2，将Rotate Z轴旋转至-360°，与摩天轮转盘做相反的运动，按S键设置关键帧，再次播

图7-38

放动画，如图7-40所示。

图7-39　　　　　　　　　　　　　　　　　　图7-40

7.2.8　动画曲线的循环 »

动画曲线将被推到该曲线第一个关键帧和最后一个关键帧的外部。除非将前方无限和后方无限控制设定为除恒定以外的任何值，否则第一个关键帧之前和最后一个关键帧之后的Curves(曲线)将会平坦(值不会随时间更改)。用户可以使用这些选项自动生成特定的重复动画类型，如图7-41所示。

图7-41

1. Pre and Post Infinity(前方无限和后方无限)

前方(Pre)和后方(Post)设置会定义该曲线的第一个关键帧之前和之后的动画曲线行为。

★ Cycle(循环)：将动画曲线作为副本无限重复，如图7-42所示。

图7-42

✱ Cycle with Offset(带偏移的循环)：除了将已循环曲线的最后一个关键帧值附加到第一个关键帧的原始曲线值以外，还可以无限重复动画曲线，如图7-43所示。

◀图7-43

✱ Oscillate(摆动)：通过在每次循环中反转动画曲线的值和形状来重复该曲线，从而创建向后和向前替代的效果，如图7-44所示。

◀图7-44

✱ Linear(线性)：将使用第一个关键帧的切线信息外推其值，它可无限投影线性曲线，如图7-45所示。

◀图7-45

✱ Constant(恒定)：设置将保持结束关键帧的值。这是Maya中动画曲线的默认设置，如图7-46所示。

◀ 图7-46

2. 缆车动画曲线的循环

STEP 1 为了使动画效果更加真实丰富，下面给缆车自身添加晃动。将当前时间指示器滑动至第1帧，选择Locator3，将Rotate Z轴旋转至5°，按S键设置关键帧；将当前时间指示器滑动至第41帧，选择Locator3，将Rotate Z轴旋转至-5°，按S键设置关键帧；将当前时间指示器滑动至第81帧，选择Locator3，将Rotate Z轴旋转至5°，按S键设置关键帧。

STEP 2 执行Windows(窗口)│Animation Editors(动画编辑器)│Graph Editor(曲线图编辑器)命令，打开曲线图编辑器，选定Locator3图表视图中显示的Locator3运动曲线，单击Rotate Z轴单独显示其运动曲线，如图7-47所示。

◀ 图7-47

STEP 3 框选所有关键帧，每个关键帧显示粉色切线操纵杆，执行Curves(曲线)│Post Infinity(后方无限)│Cycle(循环)命令进行向后无限循环，如图7-48所示，再次播放检查动画。

图7-48

STEP 4 完成缆车动画，现在需要将一个缆车复制为多个缆车，并且复制的同时关联着动画。单击Edit(编辑)│Duplicate Special(特殊复制)后的方块按钮，弹出特殊复制选项对话框，勾选Duplicate input graph(复制输入图表)复选框，选择Locator1后，单击Apply(应用)按钮执行特殊复制命令，如图7-49所示。

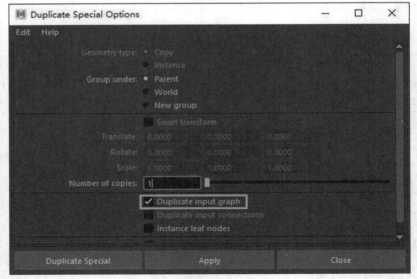

图7-49

STEP 5 将复制出的新Locator组移动到相应位置，如图7-50所示。

STEP 6 继续将Locator缆车组特殊复制到所有相应位置上，并播放与检查动画，如图7-51所示。

图7-50

图7-51

7.2.9 路径动画 ▶▶

　　路径动画是通过指定NURBS曲线作为对象轨迹，以模拟对象平移和旋转属性动画的一种方法。当曲线更改方向时，对象会自动从一侧旋转到另一侧。如果对象为几何体，它会自动变形以跟随曲线轮廓。

STEP 1 ▶ 打开本书所提供的Maya场景文件，包括过山车模型与轨道模型，如图7-52所示。

图7-52

STEP 2 ▶ 按空格键切换至前视图，执行Create(创建)｜Curve Tools(曲线工具)｜EP Curve Tool(EP曲线工具)命令，创建与轨道模型相匹配的EP曲线作为过山车的运动轨迹，如图7-53所示，将时间范围改为100帧。

STEP 3 ▶ 将主菜单改为Animation，选择过山车对象，按住Shift键加选曲线，单击Constrain(约束)｜Motion Paths(运动路径)｜Attach to Motion Path(连接到运动路径)后的方块按钮，弹出连接到运动路径选项对话框，将Time range(时间范围)改为Start/End(开始/结束)，在Start time(开始

图7-53

时间)与End time(结束时间)文本框内输入数字定义时间范围(自定义为1~100帧运动)，单击Apply(应用)按钮确认应用，如图7-54所示。

图7-54

STEP 4 曲线的两端显示两个带有编号的运动路径标记。这些标记指示对象的位置和对象移动到这些标记位置的时间，如图7-55所示。

图7-55

STEP 5 播放动画，多边形对象已经沿着曲线运动，但是在曲线的转折处会有对象脱离曲线的现象。这时需要执行Constrain(约束)｜Motion Paths(运动路径)｜Flow Path Object(流动路径对象)命令，沿当前运动路径或围绕当前对象创建流动路径。

> **提 示**
>
> Flow Path Object(流动路径对象)命令将在已设置路径动画的对象周围创建晶格，有两种方法可以创建晶格——围绕对象或围绕路径曲线。默认情况下，在对象周围创建晶格，如图 7-56 所示。
>
> 如果路径曲线上有已设置动画的几何体 (NURBS 或多边形形状)，可能会在它沿路径曲线移动时选择对象变形，匹配曲线轮廓。

STEP 6 选择流动路径对象，在通道栏内可以调整路径对象的分段——前、上、侧，如图7-57所示，播放检查动画。

提 示

在创建路径动画时，会发现沿路径曲线绘制带有数字的标记。这些是运动路径标记，每个都代表一条动画曲线的一个关键帧。关键帧的时间是标记上绘制的数字，如图7-58所示。

◀ 图7-56

◀ 图7-57

◀ 图7-58

在Maya中有两种类型的运动路径标记：位置标记和方向标记。执行Constrain(约束)｜Motion Paths(运动路径)｜Attach to Motion Path(连接到运动路径)命令或使用运动路径关键帧时，将创建位置标记。用户可以在使用"跟随"选项时创建方向标记，以优化为对象计算的自动旋转。

位置标记的值是标记在曲线上位置的U参数值。如果路径动画处于Fraction Mode(分数模式)，则为曲线的百分比。方向标记的值是其Twist(扭曲)参数的旋转量。

在场景视图和曲线图编辑器中都会显示标记。这在编辑路径动画的计时过程中非常有用，无须打开曲线图编辑器即可编辑路径动画曲线的计时。

★ 位置标记：创建了路径动画后，可能发现对象要在给定的标记时间沿曲线稍微移动一点。可以通过更改标记沿曲线的位置来进行调整。

★ 方向标记：每个方向标记均记录沿路径在关键帧处应用的Front Twist(前方向扭曲)、Side Twist(侧方向扭曲)和Up Twist(上方向扭曲)旋转值。使用Follow(跟随)选项时，这些Twist(扭曲)值将添加到路径动画计算的默认旋转。

7.3 骨骼、绑定与权重

7.3.1 变形器

在Maya中，变形器是用来操纵(建模时)或驱动(设置动画时)目标几何体的低级别组件的高级工具。

1. 晶格变形器

通过晶格变形器可以使用晶格对对象变形。晶格变形器使用一个操纵更改对象形状的晶格来包围可变形对象，如图7-59所示。

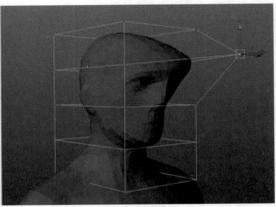

◀ 图7-59

晶格是一种点结构，用于对任何可变形对象执行自由形式的变形。如果要创建变形效果，可以通过移动、旋转或缩放晶格结构，或通过直接操纵晶格点来编辑晶格。通常，可以通过编辑晶格变形器的任意属性创建效果。

晶格变形器包括两个晶格：一个影响晶格和一个基础晶格。术语"晶格"本身通常指的是影响晶格。通过编辑影响晶格或设置其动画，可创建变形效果。晶格变形器的效果基于基础晶格的晶格点与影响晶格的晶格点之间的任何差异。默认情况下会隐藏基础晶格，以便可以专注于操纵影响晶格。但是要记住，变形效果取决于影响晶格和基础晶格之间的关系。

在变形器影响对象中，晶格是唯一本身是可变形对象的对象。这意味着可以创建使晶格变形的变形器。例如，可以使用雕刻变形器使晶格变形，晶格点上的变形效果将依次使晶格正在变形的对象变形；也可以通过创建晶格的簇变形器，将变形权重指定给晶格点。此外，还可以将晶格绑定到骨骼。移动骨骼时，晶格将随关节的操作变形。

操作方法 ✍

STEP 1 ▶ 选择一个或多个可变形对象，或是对象上需要变形的点。

STEP 2 ▶ 执行 Deform(变形)｜Lattice(晶格)命令，创建晶格变形器。

STEP 3 ▶ 选定晶格变形器，单击鼠标右键，向上拖曳选择晶格点。

STEP 4 ▶ 移动、旋转或缩放影响晶格点。

STEP 5 ▶ 若要保留晶格变形效果并且不需要晶格，将变形对象的历史记录删除，则保留变形效果并且删除晶格。

2. 非线性变形器

(1) 弯曲变形器

弯曲变形器允许沿圆弧弯曲任何可变形对象。它们对角色设置和建模非常有用。弯曲变形器包括控制柄，可以使用控制柄以直观的方式控制弯曲效果的范围和曲率。

操作方法

STEP 1 选择需要变形的对象。

STEP 2 执行Deform(变形) | Nonlinear(非线性) | Bend(弯曲)命令，创建弯曲变形器，如图 7-60 所示。

◀图7-60

STEP 3 操纵弯曲变形器控制柄。选择Show Manipulator Tool(显示操纵器工具)(按快捷键T)，注意弯曲变形器控制柄上的操纵器，这些操纵器能够以交互方式编辑属性。在场景中选择弯曲变形器控制柄上的一个操纵器。单击鼠标中键，然后移动鼠标进行编辑，如图7-61所示。通道栏中将会更新正在更改的值。

◀图7-61

STEP 4 使用通道栏编辑弯曲约束通道。选择弯曲变形器节点的一种快捷方法是选择要变形的对象，然后从通道栏选择历史中的弯曲变形器节点。单击要编辑的通道名称，在场景中单击鼠标中键，然后将鼠标向左或向右移动。通过移动鼠标，以交互方式更改选定通道的值。移动鼠标时请注意，按住Ctrl键可以提供更精细的控制，按住Shift键可以提供较少的控制，如图7-62所示。

◀图7-62

(2) 扩张变形器

扩张变形器可用于沿着两个轴扩张或锥化任何可变形对象，通常用于角色设置和建模。扩张变形器包括控制柄，可用于以直观的方式来控制扩张或锥化效果的范围和曲率。

创建扩张变形器时，用户可以首先设定创建选项，然后创建变形器，或者可以立即通过当前的创建选项创建变形器。如果不确定当前的创建选项，可在创建变形器之前检查这些选项，则可以避免之后花费时间调整变形器的属性。

创建扩张变形器之后，其控制柄将显示在场景中，且其节点将在通道栏中列出。节点包含扩张控制柄节点(默认名称为flarenHandle)、扩张控制柄形状节点(默认名称为flarenHandleShape)和扩张变形器节点(默认名称为flaren)。

通过编辑扩张控制柄节点和扩张变形器节点，可以编辑扩张变形器的效果；可以移动(平移)、旋转和缩放扩张控制柄，以编辑变形的效果；也可以编辑扩张变形器节点的可设置关键帧的属性(通道)，该属性显示在通道栏中，如图7-63所示。

◀ 图7-63

扩张变形器与弯曲变形器的编辑方式相同，这里就不重复讲解。

STEP 1 操纵扩张变形器控制柄。

STEP 2 使用通道栏编辑扩张约束通道，如图7-64所示。

◀ 图7-64

(3) 正弦变形器

正弦变形器用于沿正弦波操纵任意可变形对象，其对于角色设置和建模非常有用，一般包含控制柄，可用于直观控制正弦波效果的范围、振幅和波长。

正弦变形器沿正弦波更改对象的形状，如图7-65所示。

图7-65

正弦变形器与弯曲变形器的编辑方式相同，这里就不重复讲解。

STEP 1 操纵正弦变形器控制柄。

STEP 2 使用通道栏编辑正弦约束通道，如图7-66所示。

图7-66

(4) 挤压变形器

挤压变形器用于沿轴挤压和拉伸任何可变形对象，适用于角色设置(经典挤压和拉伸效果)和建模。挤压变形器包括控制柄，控制柄可用于以直观的方式来控制挤压或拉伸效果的范围和幅值。

挤压变形器可挤压和拉伸对象，如图7-67所示。

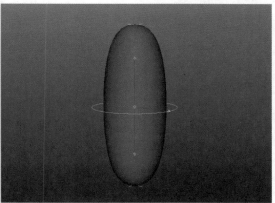

图7-67

挤压变形器与弯曲变形器的编辑方式相同，这里就不重复讲解。

STEP 1 操纵挤压变形器控制柄。

STEP 2 使用通道栏编辑挤压约束通道，如图7-68所示。

图7-68

(5) 扭曲变形器

扭曲变形器允许围绕轴扭曲任何可变形对象。它们对于角色的设置和建模十分有用，扭曲变形器包括控制柄，支持以直观的方式控制扭曲效果的范围和次数，如图7-69所示。

图7-69

扭曲变形器与弯曲变形器的编辑方式相同，这里就不重复讲解。

STEP 1 操纵扭曲变形器控制柄。

STEP 2 使用通道栏编辑扭曲约束通道，如图7-70所示。

图7-70

(6) 波浪变形器

波浪变形器类似于正弦变形器。正弦变形器的正弦波浪按照 X 轴方向的相应振幅在变形器的局部 Y 轴传播，波浪变形器的正弦波浪按照 Y 轴方向的相应振幅沿变形器的局部 X 轴和 Z 轴传播。波浪变形器包括控制柄，可用于以直观的方式控制波浪效果的范围、振幅和波长，如图7-71所示。

图7-71

波浪变形器与弯曲变形器的编辑方式相同，这里就不重复讲解。

STEP 1▶ 操纵波浪变形器控制柄。

STEP 2▶ 使用通道栏编辑波浪约束通道，如图7-72所示。

7.3.2 小球跳跃 »

1. 绑定与约束

STEP 1▶ 执行Create(创建)｜NURBS Primitives(NURBS基本体)｜Sphere(球体)命令，创建NURBS球体，并赋予新的Lambert材质。将材质的Color赋予Ramp节点并调整出如图7-73所示的效果。

图7-72

图7-73

STEP 2▶ 将主菜单切换至Animation，选择NURBS球体，执行Deform(变形)｜Nonlinear(非线性)｜Squash(挤压)命令，效果如图 7-74 所示。

STEP 3▶ 选择挤压变形器squash1Handle，按T键编辑操纵杆，可以看到压缩与拉伸效果，或是从通道栏中选择Factor节点名称，在场景中单击鼠标中键，左右滑动以编辑数值变化，如图7-75所示。

▣ 图7-74

▣ 图7-75

STEP 4 执行Create(创建)｜NURBS Primitives(NURBS基本体)｜Circle(圆环)命令，创建曲线圆形 nurbsCircle1。选定曲线圆形nurbsCircle1，单击鼠标右键，在弹出的菜单中选择Control Vertex(控制顶点)命令，选中每间隔一个点共4个点进行旋转，将曲线圆形旋转转化为方形，效果如图7-76所示。将曲线圆形nurbsCircle1适当放大，执行Modify(修改)｜Freeze Transformations(冻结变换)命令，冻结所有数值。

▣ 图7-76

STEP 5 选择曲线nurbsCircle1，执行Modify(修改)｜Add Attribute(添加属性)命令，在Long name(长名称)文本框中输入squash作为变形器的名称，在Minimum(最小值)文本框中输入–1作为最小值，在Maximum(最大值)文本框中输入1作为最大值，在Default(默认)文本框中输入0作为默认值。单击Add(添加)按钮确认添加新的属性，在通道栏内显示出新增属性，如图7–77所示。

STEP 6 执行Windows(窗口)｜Outliner(大纲视图)命令，打开大纲视图，在大纲视图中执行Display(显示)｜Shapes(形状)命令，将Shapes形状开启，如图7–78所示。

◀图7–77

◀图7–78

STEP 7 执行Windows(窗口)｜General Editors(常规编辑器)｜Connection Editor(连接编辑器)命令，打开连接编辑器。选择曲线nurbsCircle1，单击连接编辑器中的Reload Left(加载到左侧)，从大纲中单击挤压变形器squash1Handle前的加号展开所有节点，选择挤压变形器节点squash1HandleShape，单击连接编辑器中的Reload Right(加载到右侧)，如图7–79所示。

◀图7–79

STEP 8▶ 在连接编辑器中，单击左侧栏中的squash节点名称，再单击右侧栏中的factor节点名称。将曲线nurbsCircle1的squash节点与挤压变形器squash1Handle的factor相关联，让前者控制后者，如图7–80所示。

◀图7–80

STEP 9▶ 选择曲线nurbsCircle1，在通道栏中单击Squash属性，在场景中按住鼠标中键左右滑动，小球则随着鼠标的滑动同时变形，如图7–81所示。

◀图7–81

STEP10▶ 按空格键切换至侧视图，单击Create(创建)｜Curve Tools(曲线工具)｜EP Curve Tool(EP曲线工具)后的方块按钮，在打开的工具设置对话框中将Curve degree(曲线度)设置为1 Linear，如图7–82所示。

◀图7–82

STEP11▶ 按住X键不放单击网格交汇处创建曲线，曲线点将自动吸附在网格上，创建完成后按Enter

键，图形如图7-83所示。

STEP12 将创建的曲线curve1缩放到适当大小，如图7-84所示。执行Modify(修改)｜Freeze Transformations(冻结变换)命令，将曲线curve1的所有属性值冻结。

◁ 图7-83 　　　　　　　　　　　　　　　　◁ 图7-84

STEP13 选择曲线nurbsCircle1，按快捷键Ctrl+G将其群组为group1，然后选择曲线curve1，按住Shift键，从大纲中加选group1，执行Constrain(约束)｜Point(点)命令，进行点约束；再次执行Constrain(约束)｜Scale(缩放)命令，进行缩放约束。在group1通道栏内显示移动与缩放文本框为蓝色，表示被约束，如图7-85所示。

◁ 图7-85

STEP14 选择小球对象，按住Shift键加选曲线curve1，按P键将小球对象作为曲线curve1的子对象。选择挤压变形器squash1Handle，按住Shift键加选曲线curve1，按P键将变形器作为曲线curve1的子对象。再次选择挤压变形器squash1Handle，按快捷键Ctrl+H将其隐藏。通过移动、旋转、缩放曲线curve1检查绑定，曲线curve1控制小球对象的移动、旋转、缩放，曲线nurbsCircle1的Squash属性控制小球的变形。

STEP15 打开大纲视图，其中曲线curve1包括子对象小球nurbsSphere1与已经隐藏的子对象挤压变形器squash1Handle；group1包括曲线nurbsCircle1与点约束、缩放约束，其中group1被曲线curve1约束，如图7-86所示。

◁ 图7-86

2. 动画

STEP 1 ▶ 创建多边形平面作为地面，选择曲线curve1，将小球对象移动至地面上并向左移动，移动至图中所示第1帧位置并按S键设置关键帧；将当前时间指示器滑动至第10帧，将曲线curve1移动至小球跳跃的最高点处，按S键设置关键帧；以此类推，在第20帧、第30帧、第40帧设置小球跳跃的位置点，如图7-87所示。

STEP 2 ▶ 选定曲线curve1，执行Windows(窗口)｜Animation Editors(动画编辑器)｜Graph Editor(曲线图编辑器)命令，打开曲线图编辑器，在曲线图编辑器的大纲视图内单击曲线curve1的Translate Y运动曲线节点，将其单独显示，单击曲线图编辑器工具栏中的Ⅴ按钮，断开切线，将运动曲线的切线调整为更加符合物理运动的曲线，如图7-88所示。

◀ 图7-87

◀ 图7-88

STEP 3 ▶ 调整完成后，继续为曲线curve1添加新的关键帧，在第1帧、第20帧、第40帧前后2帧的距离添加新的旋转关键帧，如图7-89所示。

① 将当前时间指示器滑动至第3帧，旋转曲线curve1的Rotate X轴为-20°，按S键设置关键帧。

② 将当前时间指示器滑动至第18帧，旋转曲线curve1的Rotate X轴为20°，按S键设置关键帧。

③ 将当前时间指示器滑动至第22帧，旋转曲线curve1的Rotate X轴-20°，按S键设置关键帧。

④ 以此类推，在第38帧、第42帧旋转曲线curve1的Rotate X轴并设置关键帧。

◀ 图7-89

STEP 4 选择曲线nurbsCircle1，将当前时间指示器滑动至第1帧，按S键设置关键帧，开始制作小球跳跃时的变形效果。

① 将当前时间指示器滑动至第3帧，将曲线nurbsCircle1的Squash属性改为–0.5，按S键设置关键帧。

② 将当前时间指示器滑动至第6帧，将曲线nurbsCircle1的Squash属性改为0.5，按S键设置关键帧。

③ 将当前时间指示器滑动至第10帧，将曲线nurbsCircle1的Squash属性改为0，按S键设置关键帧。

④ 将当前时间指示器滑动至第15帧，将曲线nurbsCircle1的Squash属性改为0.5，按S键设置关键帧。

⑤ 将当前时间指示器滑动至第20帧，将曲线nurbsCircle1的Squash属性改为0，按S键设置关键帧。

⑥ 以此类推，在第22帧、第26帧、第30帧、第35帧、第40帧、第42帧设置变形关键帧，如图7-90所示。

STEP 5 小球跳跃动画制作完成。

图7-90

7.3.3 骨骼 »

1. 骨骼的基本知识

骨骼是分层的有关节的结构，用于设定绑定模型的姿势，并对绑定模型设置动画。骨骼提供了一个可变形模型，其基础结构与人类骨骼的基础结构相同。

关节是骨骼及其关节连接点的构建块。另外，关节没有形状，因此无法进行渲染。每个关节可以附加一个或多个骨骼，且可以具有多个子关节。通过关节，用户可以在对绑定模型设置姿势和动画时变换骨骼。

骨骼没有节点，并且它们在场景中不具有物理或可计算的状态。骨骼仅是表明关节之间关系的可视提示，如图7-91所示。

图7-91

关节链是任何一组串联的关节及其骨骼。关节以线性方式连接，它们的路径以骨骼的形式表现在屏幕上。关节链从链层次的最高关节处开始，然后沿链向下绘制骨骼，如图7-92所示。

◀ 图7-92

创建关节链时，各个关节的位置应与尝试创建的角色关节的解剖位置近似。例如，如果正在创建两足动物骨骼模型的关节链，应将关节放在关节连接点处，如肘部、膝盖、脚踝等。

2. 骨骼的建立及层级关系

骨骼层次由一系列具有层次关系的关节和关节链组成。骨骼层次中的每个关节都既是子关节，也是父关节，如图7-93所示。

父关节是指在骨骼层次中处于较高级别的关节，受其动作影响的其他任何关节则处于较低级别。在骨骼层次中处于父关节下方的关节称为子关节。骨骼顶部的关节始终为父关节，而骨骼底部的关节始终为子关节。父关节驱动各自子关节的变换。因此，平移或旋转父关节时，也会同时平移或旋转其所有的子关节。

根关节是骨骼层次中最高级别的关节，一个骨骼只能有一个根关节。用户可以通过平移和旋转根关节确定整个骨骼在世界空间中的方向，如图7-94所示。

◀ 图7-93

◀ 图7-94

为场景中的角色和对象设置动画之前，需要通过装备所有角色并对要设置动画的所有对象应用相应的约束和变形器来设置场景。

装备角色也称为角色设置，包括为角色创建骨骼和IK控制柄、将蒙皮绑定到骨骼、设置变形器和约束。为角色创建变形器并设置动画，从而产生一定的效果。例如，抖动腹部(抖动变形器)、皱眉(线变形器)及伸缩手臂模型的二头肌(晶格变形器)等。

非角色对象也非常重要，它们可以使场景变得栩栩如生。用户可以将对象约束到场景中的角色或其他模型，从而限制和控制对象的变换。此外，还可以为非角色对象创建变形器，以创建复杂的变形效果。例如，可以对一个球模型应用挤压变形器，然后通过父约束将球约束到角色的手中。使用该设置，可以对角色手部的权重和挤压变形器的属性设置关键帧，从而创建这样的动画——角色双手交替拍球，球在地面上挤压变形并在返回到空中时拉伸还原。

为了实现动画效果，除了设置角色和对象以外，还可以设置Maya的动力学。例如，将动力学对象(如粒子发射器、场和流体)约束到场景中的对象或角色。

3. FK(正向运动学)、IK(反向运动学)或 IK/FK 混合

(1) FK(正向运动学)

使用正向运动学，可以直接变换关节和设置关节关键帧，而不是使用IK控制柄设置骨骼动画。

正向运动学对于创建详细的弧线移动非常有用，但对于目标导向的移动不是非常直观。例如，使用FK可以轻松地设置肩关节处手臂的旋转动画，却不能设置伸手去取玻璃的手臂动画。

(2) IK(反向运动学)

用户可以变换IK控制柄并设置其关键帧以制作骨骼动画。IK控制柄是其IK链的起始关节和末关节之间的一条直线。IK控制柄对关节链的影响取决于IK控制柄使用的IK解算器的类型。

反向运动学对目标导向的移动非常有用。例如，用户可以使用反向运动学制作取一杯水的手臂的动画，但不能使用它来设置各个关节处的特定运动。

(3) IK和FK混合

用户可以在一个关节链上同时使用IK和FK，而不是单独使用IK或FK来设定关节链的姿势和动画。IK Handle上的IK Blend(IK混合)属性允许向相同关节应用IK和FK动画。IK Blend(IK混合)指定IK或FK对关节动画的影响程度(权重)。

IK和FK混合对于设定动画中具有大量移动的复杂角色的姿势非常有用。例如，可以使用IK为角色手臂的定向运动设定动画，也可以使用 FK 为手臂上的肩部、肘部和腕部关节的旋转设定动画。

Autodesk HumanIK(HIK)动画中间件是全身反向运动学解算器和重定目标工具。Maya中的HumanIK工具提供了完整的角色关键帧设置环境，其中有全身和身体部位关键帧设置和操纵模式、辅助效应器和枢轴固定。HumanIK也提供了重定目标引擎，可以轻松地在不同大小、比例和骨骼层次的角色之间对动画进行重定目标。

Maya的HumanIK工具已设计为与其他Autodesk应用程序保持一致，可以在动画流程中的应用程序之间传递角色资源。例如，在Maya中创建和装备角色，将装备发送到MotionBuilder进行运动捕捉数据，然后使用Maya中的层继续细化动画。

如果要对Maya中的动画进行重定目标，每个角色必须有HumanIK角色定义。使用Characterization Tool(角色化工具)可以创建和锁定角色定义。

每个要在重定目标流程中使用的角色必须设置为HIK角色。若要作为HIK角色运行，角色必须具有有效的角色定义，映射出它的骨骼结构。

不论是从头开始建立HIK角色，还是计划使用现有骨骼或网格，用户都可以使用Maya的装备工具角色化骨骼并创建控制装备。

HumanIK解算器期望角色的节点以特定典型的排列进行连接。例如，右肩是右肘的父节点，而右肘相应地是右腕的父节点。HumanIK生物机械模型配备了有关这些节点移动方法的知识，当解算器需要在运行时移动一个或多个节点以满足IK效果或源动画的要求时，会使用此内置知识来构建新的姿势。

为使 HumanIK 将此生物机械模型应用于角色，需要将 HumanIK 可以读懂的节点映射到角色骨骼中的关节。

需要至少角色化HumanIK必需的 15 个节点，这样即可标识角色骨骼的主要元素。如果未为这15 个必需的节点提供特征，则无法在运行时使用 HumanIK 控制角色。在Characterization Tool(角色化工具)中，只有成功映射这些必需的节点后才能保存或锁定特征。

7.3.4　人物骨骼绑定及权重 ≫

1. 创建骨骼

STEP 1 ▶ 打开本书提供的Maya文件Boy.mb，并另存为副本以进行练习，如图7-95所示。

STEP 2 ▶ 根据所学知识创建个人角色，再使用角色化工具将角色骨骼中的骨骼映射到HumanIK解算器理解的节点之前，必须将角色设置为基本的T形站姿，以便为HumanIK提供有关角色骨骼和关节变换比例的重要信息。

角色的T形站姿必须尽可能与以下的描述和示例相匹配，以便反向运动学和重定目标解算器为角色生成精确的结果。如果未正确配置T形站姿，那么解算器会将全部操作基于错误数据之上，并很可能产生歪斜、古怪或意想不到的姿势。

◀ 图7-95

T形站姿有以下要求。

① 角色必须面向Z轴的正方向。

② 手臂必须沿X轴扩散，因此左臂应指向X轴的正方向。

③ 角色的头顶必须向上，并位于Y轴的正方向上。

④ 角色的手应展平，手掌朝向地面，拇指平行于X轴。

⑤ 角色的脚可以垂直于腿(脚趾沿 Z 轴平行)，也可以沿腿的方向继续向下(脚趾笔直向下)。脚不能绕 Y 轴旋转，即左脚脚趾不应向内朝向右腿，也不应向外远离右腿，如图7-96所示。

STEP 3 ▶ 将菜单选择器切换到Rigging(装备)，执行 Skeleton(骨骼)｜HumanIK命令，打开骨骼生成器，单击Create Skeleton(创建骨骼)按钮，创建骨骼，如图 7-97 所示。

图7-96

图7-97

STEP 4 初始创建的默认骨骼会比较大，需要单击骨骼根部控制器Character1_Reference并将其缩放至合适状态，如图7-98所示。

图7-98

STEP 5 单击面板工具栏中的X射线显示关节按钮，将其开启，在其他着色对象的上方显示骨骼关节，以便选择关节，如图7-99所示。

图7-99

STEP 6 选择右半边的骨骼关节，根据人类骨骼位置将其一一对位，更加匹配模型。需要从根骨骼开始调整位置，先调整父骨骼位置，后调整子骨骼位置，如图7-100所示。

◀ 图7-100

STEP 7▶ 骨骼匹配位置后，选中根骨骼，单击 ▥ 按钮，将匹配完成的右半边骨骼镜像映射至左半边，如图 7-101 所示。

◀ 图7-101

STEP 8▶ 骨骼调整完成后，需要将其锁定不再变动，单击 🔒 按钮，开启锁定角色，如图 7-102 所示。

2. 平滑蒙皮

蒙皮是指设置角色的模型，以便通过骨骼对角色进行变形的过程。通过将骨骼绑定到模型，可对模型设置蒙皮。通过各种蒙皮方法可将模型绑定到骨骼，包括平滑蒙皮和刚性蒙皮，这两种是直接蒙皮方法，也可以使用间接蒙皮方法，即将晶格或包裹变形器与平滑或刚性蒙皮结合使用。

◀ 图7-102

平滑蒙皮允许几个关节影响同一个可变形对象点，从而提供平滑的关节变形效果。在绑定蒙皮时，将自动设定关节周围的平滑效果，如图7-103所示。

通过平滑蒙皮，可以有多个关节影响每个CV，以提供平滑的弯曲效果，无须使用屈肌或晶格变形器，如图7-104所示。

◀图7-103

◀图7-104

Maya允许几个邻近关节在同一蒙皮点(NURBS CV、多边形顶点或晶格点)上具有不同的影响，从而提供平滑变形效果。默认平滑蒙皮的影响程度随距离变化，但也可以使用带交互式平滑蒙皮绑定的体积操纵器来定义影响。设置基本蒙皮点权重后，可以绘制每个关节的权重来进行细化和编辑。

选择对象模型，按住Shift键加选根骨骼Character1_Hips后，执行Skin(蒙皮)｜Bind Skin(绑定蒙皮)命令进行蒙皮；若是开启视图着色对象上的线框，选择骨骼时模型线框显示为相关联的粉紫色线框，如图7-105所示。

◀图7-105

3. 绘制权重

在常规平滑蒙皮的过程中，对于每个平滑蒙皮点(例如每个NURBS曲面的每个 CV)，Maya会为每个关节指定一个平滑蒙皮点权重，这些权重值控制关节对每个点的影响。

平滑蒙皮完成后，用户可能会发现某些区域的变形超出预期。例如，旋转胳膊关节时，围绕胳膊的变形可能过度，如图7-106所示。

◀ 图7-106

用户如果希望更改平滑蒙皮的结果来创建独特的骨骼变形效果，可以在点级别(CV、顶点或晶格点级别)上编辑或绘制平滑蒙皮的权重。如果要将更多变形效果添加到平滑蒙皮，则可以使用Maya的变形器和平滑蒙皮影响对象。

　　默认情况下，与远离蒙皮点的关节相比，距离平滑蒙皮点越近的关节，产生的影响越大；距离平滑蒙皮点最近的关节，产生的影响最大。

　　选择对象模型，单击Skin(蒙皮)│Paint Skin Weights (绘制蒙皮权重)后的方块按钮，打开绘制蒙皮权重工具设置对话框。

　　Paint Skin Weights (绘制蒙皮权重)是Maya中一种基于Artisan的工具，使用它可以在当前平滑蒙皮上绘制权重强度值，还可以绘制蒙皮点权重，它提供了一种直观的方式，用于更改平滑蒙皮的变形效果，如图7-107所示。

　　★ 复制权重：单击以复制选定顶点的权重值。

　　★ 粘贴权重：单击以将复制的顶点权重值粘贴到其他选定顶点。

　　★ 权重锤：单击以修复其权重，导致网格上出现不希望变形的选定顶点。Maya为选定顶点指定与其相邻顶点相同的权重值，从而可以形成更平滑的变形。

◀ 图7-107

★ 📲移动权重：单击将选定顶点的权重值从其当前影响移动到选定影响。如果单击移动权重按钮，或执行Skin(蒙皮)｜Edit Smooth Skin(编辑平滑蒙皮)｜Move Weights To Influences(将权重移动到影响)命令，则将从其当前"源"影响中移除选定顶点的权重值，并重新指定给选定"目标"影响。如果选定了多个新影响，则根据其现有权重分配移动的影响。如果所有选定影响的权重均为 0，则平均分配移动的权重。如果选定影响具有现有权重值，则按比例分配移动的权重。

★ 📲显示影响：单击以选择影响到选定顶点的所有影响，这可以帮助用户解决网格区域中出现异常变形的疑难问题。

(1)Mode(模式)

可用于在绘制模式之间进行切换，从下列选项中选择。

★ Paint(绘制)：启用时，可以通过在顶点绘制值来设定权重。

★ Select(选择)：启用时，可以从绘制蒙皮权重切换到选择蒙皮点和影响。该模式非常重要，Select(选择)模式还具有选择多个顶点的能力，然后在Value(值)中查看和修改其权重。

★ Paint Select(绘制选择)：启用时，可以绘制选择顶点。通过3个附加选项可以设定绘制时是否向选择中添加或从选择中移除顶点。Add(添加)启用时，绘制向选择中添加顶点；Remove(移除)启用时，绘制从选择中移除顶点；Toggle(切换)启用时，绘制切换顶点的选择。绘制时，从选择中移除选定顶点并添加取消选择的顶点。

(2) Select Geometry(选择几何体)

单击以快速选择整个网格。根据工作流，在绘制网格的权重和完成其他类似于修复选定顶点的权重的操作之间来回切换时，使用该按钮可以节省时间。

(3) Paint Operation(绘制操作)

选择下列选项之一。

★ Replace(替换)：笔刷笔画将使用为笔刷设定的权重替换蒙皮权重。

★ Add(添加)：笔刷笔画增大附近关节的影响。

★ Scale(缩放)：笔刷笔画减小远处关节的影响。

★ Smooth(平滑)：笔刷笔画平滑关节的影响。

(4) Profile(剖面)

单击笔刷轮廓，这将确定受选择影响区域的形状。

(5) Weight Type(权重类型)

选择以下类型的权重进行绘制。

★ Skin Weight(蒙皮权重)：选择该选项可为选定影响绘制基本的蒙皮权重，这是默认设置。

★ DQ Blend Weights(DQ混合权重)：选择该选项可绘制权重值，以控制经典线性和双四元数蒙皮的混合。

(6) Normalize Weights(规格化权重)模式

从下列选项中选择。

★ Off(禁用)：选择以禁用平滑蒙皮权重规格化。

注 意

该选项允许创建大于或小于 1 的权重，这会在处理角色时允许顶点移动过多或过少。

★ Interactive(交互式)：如果希望精确使用输入的权重值，可选择该模式。当使用此模式时，Maya会从其他影响添加或移除权重，以便所有影响的合计权重为 1.0。例如，如果将权重从1.0更改为0.5，Maya 将在邻近影响之间分布剩余的0.5。该模式将复制Maya早期版本的规格化过程。

★ Post(后期)：这是默认设置。当Post(后期)模式处于活动状态时，Maya会延缓规格化计算，直至变形网格。这允许用户继续绘制权重或调整交互式绑定操纵器，而无须规格化过程更改之前的蒙皮权重工作。选择该模式允许用户绘制或更改权重，而不影响其他的权重，同时在变形网格时还会发生蒙皮规格化。

> **注 意**
>
> 当使用 Post(后期) 规格化模式时，权重值不总是合计为 1.0，但是网格仍然使用规格化权重值来编写。
>
> 如果使用交互式蒙皮绑定，将自动选择该模式。因此，对于交互式绑定，在变形网格之前不会规格化权重。

4. 绘制权重

STEP 1 单击Display(显示)，取消勾选Show wireframe(显示线框)复选框，不显示线框，方便权重的绘制，如图7-108所示。

图7-108

STEP 2 将Influence(影响)内的Value(值)修改为1，绘制的权重颜色为白色权重值1；按住Ctrl键绘制时则为相反的权重值，绘制的权重颜色为黑色权重值0；按住Shift键绘制时则为平滑权重值，如图7-109所示。权重大小快捷键为按住B键+鼠标左键移动鼠标；权重强度快捷键为按住N键+鼠标左键移动鼠标。

图7-109

STEP 3 开始绘制权重，每一个骨骼关节按照绘制权重工具的影响栏内的默认排序依次修整。图7-110列举了典型的骨骼关节作为范例，例如髋关节、大腿、小腿。

图7-110

STEP 4 例如脊柱、脊柱1、脊柱2，如图7-111所示。

图7-111

STEP 5 例如肩膀、臂膀、前臂，如图7-112所示。

图7-112

STEP 6 例如脖子、头部，如图7-113所示。

图7-113

STEP 7 绘制完成后，旋转骨骼关节检查是否有过度变形。检查完成后，需要将旋转过的骨骼关节还原旋转属性值，如图7-114所示。

图7-114

5. 控制装备

选择骨骼对象，执行Control(控制)│Create Control Rig(创建控制装备)命令，创建控制装备，如图 7-115 所示。

◀图7-115

骨骼转化控制装备完成后，显示如图7-116所示。模型被骨骼关节所控制产生变形，控制装备则控制骨骼的移动、旋转等。骨骼关节转换为控制装备后可以将骨骼关节隐藏。

◀图7-116

为角色控制装备设定关键帧涉及对多个效应器及其特性的选择。Character Controls(角色控制)中的关键帧模式按钮可以快速设定是否要操纵并为单个效应器(选中)、效应器的逻辑组(身体部位)或同时为所有效应器(全身)设置关键帧。为控制装备设定关键帧时，可以根据当前的关键帧模式，在效应器的逻辑组上快速设置关键帧。关键帧一旦设置完成，即可在Graph Editor(曲线图编辑器)、Dope Sheet(摄影表)和Time Slider(时间滑块)中查看和操纵关键帧组。

(1) 效应器固定

如果使用控制装备来操纵角色，则可以固定下效应器，以便限制身体移动并影响其他关节相对于固定效应器的行为方式。这可用于选择性地操纵角色部位，而不会影响整个层次。

例如，如果固定左手腕的平移和旋转，则可以看到无论如何移动角色身体，左手腕仍保持在原来的位置，如图7-117所示。

图7-117

(2) 辅助和枢轴效应器

用户可以将辅助对象添加到角色的控制装备效应器，以便为角色提供另一级别的IK控制，有两种类型的辅助对象——效应器和枢轴。

辅助效应器可以在多种情况下提供一个其他级别的IK控制。例如，确保角色手臂总是能达到并朝向支撑(例如武器)；稳定角色的脚，使它们不会在地板上滑动。

若要执行该操作，可以为主IK脚效应器创建辅助效应器，然后将辅助效应器放置于地板上脚滑动的位置。将"达到"值定义为最大达到(100％)。

在播放录制时，脚效应器达到并朝向位于脚开始滑动的帧上的辅助效应器，且Reach Translation (达到平移)和Reach Rotation(达到旋转)滑块随动画播放而移动。

枢轴效应器可用于快速定义，以及为IK控制装备效应器的多个旋转枢轴点设定动画。用户可以将枢轴点用于任何角色动画，这些枢轴点特别适用于使用多个旋转点来操纵角色脚或手的情况。

例如，通过在角色脚中为IK效应器创建多个枢轴效应器，脚可以围绕多个独立的枢轴点进行旋转，以创建出自然的循环行走。设定关键帧时，可以在枢轴点之间切换，从而使脚围绕踝部、脚跟、脚趾根部、脚趾尖部甚至脚侧面进行旋转。

枢轴效应器基于其创建所谓的IK效应器的位置，因此枢轴效应器在场景中没有独立的位置，可以将它们作为子控件，用于从不同有利点操纵IK效应器。旋转任意枢轴也会对效应器产生影响，类似于对效应器自身进行操纵。

(3) 操作和设置关键帧模式

选择控制器，单击鼠标右键，则显示出另一个菜单，这些命令是设置操纵与设置关键帧模式，用于处理角色的控制装备，如图7-118所示。

✱ Stance Pose(初始姿势)：重置控制装备为其默认的初始姿势。

✱ HIK Mode:Full Body(HIK模式：全身)：将Character Controls(角色控制)设定为全身，以设置关键帧和操纵模式，允许选择单个效应器来操纵整个角色。

✱ HIK Mode:Body Part(HIK模式：身体部分)：将工具设定为Body Part(身体部分)模式，允许基于选定的效应器在单个身体部位上操纵和设置关键帧。

图7-118

✦ HIK Mode:Selection(HIK模式：选择)：将工具设定为Selection(选择)模式，允许仅操纵和设定选定效应器的关键帧。在该模式中，可以操纵一个效应器，而无须解决角色的其他部位，然后使用HumanIK controls(HumanIK控制)来调整有多少角色的其他部位到达该效应器。

✦ Pin Translate(固定平移)：锁定和解除锁定平移中的选定效应器。锁定后，选定的效应器将无法移动，同时在体形表示的相应细胞上显示一个T，如图7-119所示。

◀ 图7-119

✦ Pin Rotate(固定旋转)：锁定和解除锁定旋转中的选定效应器。锁定后，选定的效应器将无法旋转，同时在体形表示的相应细胞上显示一个 R，如图7-120所示。

✦ Pin Both(固定所有)：暂时固定选定的效应器和链下效应器的所有平移或旋转，如图7-121所示。

◀ 图7-120   ◀ 图7-121

✦ Unpin Both(释放所有固定)：暂时释放选定的效应器和链下效应器的所有平移或旋转锁定。

7.3.5 AdvancedSkeleton插件的应用 ≫

Maya自带的骨骼有很多使用不方便的地方，例如，一些较为高级的功能需要进行复杂的设置，所以可以配合使用相关的插件。

1. AdvancedSkeleton介绍

AdvancedSkeleton是一款小巧实用的专业化Maya骨骼绑定插件，其功能强大，具备很强的可操控性，不再局限于预设骨骼，支持骨骼自定义，身体配置方面不再进行限制。用户可以根据需要设定骨骼的种类和样式，创建任意形状的骨骼。该插件操作简便，支持拖曳操作。

在AdvancedSkeleton中，除了基本的两足、四足、六足(昆虫类)骨骼的绑定，还提供了蒙皮封套和表情绑定。

2. AdvancedSkeleton 插件安装

STEP 1 从网络上下载或是购买正版 AdvancedSkeleton 5 版本。

STEP 2 解压并打开AdvancedSkeleton 5文件夹内的AdvancedSkeleton 5 Files文件夹和AdvancedSkeleton5.mel，复制至C:\Users\hp\Documents\maya\2020\scripts 文件夹内(C:\Users\hp\Documents路径为"我的文档")。

STEP 3 将AdvancedSkeleton 5文件夹内的install.mel拖入Maya 2020工作区内。

3. 操作

STEP 1 回到Maya界面，在工具栏上会看到新增的4个图标工具，如图7-122所示。

◀ 图7-122

STEP 2 重新打开Maya文件Boy.mb，另存储文件作为练习副本，如图7-123所示。

STEP 3 单击第一个⑤工具按钮，选择骨骼，如图7-124所示。

◀ 图7-123

◀ 图7-124

✳ biped.ma：两足角色骨骼，包含眼睛和关节的基本设定，适合于两足卡通角色。

✳ bipedBendy.ma：两足角色骨骼，包含关节扭曲细节的设定，适合于较为写实复杂的角色。

✳ bug.ma：六足虫类骨骼。

✳ quadruped.ma：四足类骨骼，适用于常见的四足动物。

STEP 4 需要绑定的角色为卡通角色，所以选择biped.ma骨骼，然后单击Import(导入)按钮导入两足类的半边骨骼。导入的骨骼显示尺寸过大，不方便调整，执行Display(显示)｜Animation(动画)｜Joint Size(关节大小)命令，打开骨骼关节大小对话框，通过输入值或拖动滑块调整关节大小，范围为0.01～10，如图7-125所示。

图7-125

STEP 5 调整骨骼关节的位置，使半边的骨骼关节的位置匹配模型的外形。在将骨骼关节与模型匹配时，不要旋转骨骼，都是用移动来定位骨骼位置。

提示

人物手上黄色的曲线由于预设了驱动关键帧，因此在生成骨骼控制系统前，不要调节这条曲线上的属性观看动画，因为它会改变已设置好的关节位置。用户可以通过缩放手柄改变弧线的大小和位置，但是最好不要去改变它的自定义属性数值，如图7-126所示。

STEP 6 检查手部骨骼关节，发现有部分手指关节发生偏转，选择手指关节时加倍偏移，需要将手指关节的旋转数值归零，并调整骨骼方向，如图7-127所示。

图7-126 图7-127

STEP 7 选择手腕骨骼关节，执行 Select(选择)│Hierarchy(层次)命令，选择当前选择的所有父对象和子对象(场景层次中当前选定节点下的所有节点)，将通道栏中的 Rotate 数值全部设为 0，手部骨骼关节有所变形并通过移动来完成关节的定位，如图 7-128 所示。

STEP 8 调整骨骼关节位置后选择骨骼的根骨骼(髋骨关节)，然后单击工具栏上的Adv按钮，进行骨骼的镜像和控制器的生成，如图7-129所示。

STEP 9 选择模型，按住Shift键加选根骨骼，执行Skin(蒙皮)│Bind Skin(绑定蒙皮)命令进行蒙皮。选择根骨骼时，注意可能会优先选择其控制器(为粉色)，而不易选择根骨骼。如果绑定不成功，可以执行Windows(窗口)│Outliner(大纲视图)命令选择根骨骼。绑定成功后检查绑定，移动或旋转控制器，如图7-130所示。

图7-128

图7-129

图7-130

STEP10 若需要改动骨骼位置，单击工具栏上的Util(工具)，弹出Utilities对话框，将Rebuild(重建)下拉菜单打开，单击Toggle Fit/Advanced(切换适合/高级)按钮，骨骼可以修改位置与定位。修正骨骼位置完成后，单击Rebuild Skeleton(重建骨骼)，骨骼将重新生成位置与控制器，并不影响绑定与其他骨骼的位置，如图7-131所示。

STEP11 选择模型，执行Skin(蒙皮)｜Paint Skin Weights (绘制蒙皮权重)命令，绘制骨骼权重，如图7-132所示。

STEP12 绘制完成后保存，下一节制作人物动画时需要使用。

图7-131

图7-132

7.4 角色动画

7.4.1 错帧 »

利用错帧创建动画，可以模拟日常生活中柔软的物体，其应用非常广泛。

STEP 1 打开本书提供的Maya文件Flower.mb，如图7-133所示。

STEP 2 按空格键切换至侧视图，执行Skeleton(骨骼)｜Create Joints(创建关节)命令，创建骨骼工具。在界面上按照花朵的形状，按住Shift键不放从花朵的根部向上依次创建8个骨骼关节，如图7-134所示。

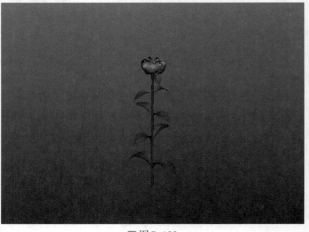

图7-133

STEP 3 ▶ 选择花朵模型，按住Shift键，执行Skin(蒙皮)│Bind Skin(绑定蒙皮)命令，进行蒙皮，如图7-135所示。

◀ 图7-134

◀ 图7-135

STEP 4 ▶ 将场景的时间范围调整为200帧，并在动画首选项中将场景的播放时间调整为Real-time[24 fps]，选择根骨骼，执行 Select(选择)│Hierarchy(层次)命令，选择当前选择的所有父对象和子对象，按 E 键切换为旋转工具并旋转Z轴20°，在第 1 帧的位置上将所有的骨骼设置关键帧，如图7-136 所示。

STEP 5 ▶ 将当前时间指示器滑动至第21帧处，再将所有骨骼反向旋转Z轴至-20°，并设置关键帧，如图7-137所示。

◀ 图7-136

◀ 图7-137

STEP 6 ▶ 将当前时间指示器滑动至第41帧处，再将所有骨骼旋转Z轴至20°，如同第1帧旋转角度，并设置关键帧。选择joint2，执行Select(选择)│Hierarchy(层次)命令，选择当前所有父对象和子对象，在时间轴上按住Shift键框选第1帧、第21帧、第41帧位置上的关键帧，单击红色范围中心的黄色三角形，向后拖曳移动2帧的距离，如图7-138所示。

◀ 图7-138

STEP 7 选 择 joint3，执 行 Select(选择)｜Hierarchy(层次)命令，按住Shift键再将时间轴上的所有关键帧框选，单击中间位置上的黄色箭头向后拖曳 2 帧的距离，如图7-139 所示。

STEP 8 使用同样的方法，以此类推，将joint4以下的骨骼进行错帧，如图7-140所示。

◀图7-139

◀图7-140

STEP 9 播放动画，模拟花朵被风吹动，风为主动力，花朵被动运动并且本身具有柔韧度，这个错帧动画表现出花朵的柔韧性和对风的反作用力，如图7-141所示。

◀图7-141

7.4.2 小球动画 ≫

STEP 1 打开本书所提供的Maya文件Ball_Jump.mb，文件中包括已经绑好尾巴的小球与楼梯模型，如图7-142所示，将时间范围扩展至100帧的范围。

◀图7-142

STEP 2 选择控制器curve1，原地不动并在第1帧和第5帧设置关键帧，然后每隔8帧的距离制作小球跳跃着上楼梯，以16帧的速度跳跃完整的台阶，如图7-143所示。

STEP 3 在上一步骤所设置的关键帧：第5、21、37、53帧的前后2帧的位置上设置小球落地前与离地前的转动，旋转curve1控制器Rotate X轴±15°，并设置关键帧，如图7-144所示。

图7-143

图7-144

STEP 4 选择nurbsCircle1变形器控制器，使用控制器的Squash属性在第1帧以后每隔4帧的距离，制作小球跳跃时由于惯性与重力加速度受到的变形，并设置关键帧，如图7-145所示。为了方便观看清晰的小球主体的变形，将小球的尾巴暂时隐藏。

STEP 5 将当前时间指示器滑动至第5帧的位置上，依次按住Shift键加选小球尾巴的4个控制器，然后旋转Rotate Z轴20°后设置关键帧。然后在第13帧的位置上将尾巴上的所有控制器旋转Rotate Z轴−20°后设置关键帧。以此类推，由于惯性与重力，小球跳跃至空中时尾巴向下卷曲20°，落地时则向上卷曲20°，如图7-146所示。

图7-145

图7-146

STEP 6 播放动画，发现小球尾巴在跳跃时略显僵硬，需要制作错帧动画将尾巴动画变得柔软、过渡平滑。选择小球尾巴的第二个控制器，在时间轴上按住Shift键框选控制器的所有关键帧，单击红色范围的中心黄色箭头并向后移动1帧的位置，起始时间由第5帧变为第6帧。选择小球尾巴的第三个控制器，将其所有关键帧向后移动2帧的位置。以此类推，将小球尾巴的第四个控制器所有关键帧移动3帧的位置，如图7-147所示。

◀ 图7-147

STEP 7 ▶ 播放动画，小球跳跃着上楼梯的动画制作完成，如图7-148所示。

◀ 图7-148

7.4.3 人物动画 »

1. 人物运动规律

人物行走最显著的特征之一就是手足呈交叉反向运动，如图7-149所示。

◀ 图7-149

人物在进行走路运动时，身体躯干呈现出高低起伏的状态，当身体下落时能感受到重力，反之腿伸直时没有承载重量，这样在腿上就有承载重力的变化，从而身体受到重力的变化主体有明显的下降与上浮，如图7-150所示。

人物进行走路的正常节奏大约为每秒2步，卡通人物的行走大约为每秒3步，如图7-151所示。

◄ 图 7–150

第0帧　　　　第3帧　　　　第6帧　　　　第9帧　　　　第12帧

◄ 图 7–151

人物的脚后跟是引导动作的部位，起着带动作用，而脚是随着脚后跟运动，是被脚后跟控制的，制作走路动画时，需要将脚后跟固定在地面上产生重量感，并让脚后跟落地直到最后离开地面，如图7–152所示。

◄ 图 7–152

人物运动时，手臂与手腕都保持弧线的运动轨迹，如图7–153所示。

◄ 图 7–153

2. 卡通人物动画

(1) 打开文件

打开绑定完成的Boy.mb文件，另存一份作为动画练习文件，制作地面，让人物在地面上行走，如图7-154所示。

图7-154

(2) 设置

将时间轴的时间范围更改为100帧，打开动画首选项对话框，将 Playback speed(播放速度)改为24 fps×1(默认为Paly every frame)，如图7-155所示。执行面板菜单中的Show(显示)│Joints(关节)命令，关闭人物骨骼的显示。

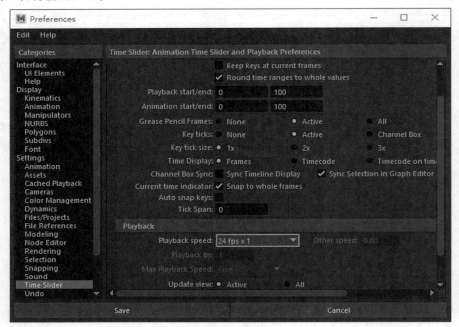

图7-155

(3) 左右脚步伐距离

STEP 1 在第0帧位置，将角色的姿势摆放为图7-156所示的样子。身体重心微微下降并将两腿交错分开，右脚在前，选择Center_M控制器与IKLeg_L/R左右脚这两个控制器后，设置左右脚关键帧，角色控制器的具体参数如图7-156所示。

图7-156

STEP 2 ▶ 将当前时间指示器滑动至第12帧位置，将身体与左脚以Z轴的方向向前移动，并将所移动的控制器设置关键帧(包括没有移动的左脚控制器)，角色控制器的具体参数如图7-157所示。

图7-157

STEP 3 ▶ 将当前时间指示器滑动至第24帧位置，将右脚与身体继续沿着Z轴向前移动，角色姿势恢复至第0帧的样子，并设置关键帧，角色控制器的具体参数如图7-158所示。

图7-158

STEP 4 分别在第0帧、第12帧、第24帧位置设置关键帧，走路为循环动作，制作一个完整的走步后，剩余部分使用Maya曲线运动中的循环即可。执行Windows(窗口)｜Animation Editors(动画编辑器)｜Graph Editor(曲线图编辑器)命令，打开曲线图编辑器，选择髋骨控制器并在曲线图编辑器的大纲视图中单独显示Translate Z，选中所有关键帧点，执行曲线图编辑器内菜单栏上的Curves(曲线)｜Post Infinity(后方无限)｜Cycle with Offset(带偏移的循环)命令，并执行View(视图)｜Infinity(无限)命令，查看关键帧之外的动画曲线，如图7-159所示。

图7-159

图7-159(续)

STEP 5 同时将左右脚踝控制的Z轴制作带偏移的后方循环，如图7-160所示。

图7-160

(4) 身体重心的上下起伏与过渡帧

STEP 1 在第6帧位置设置过渡帧，将身体沿着Y轴向上移动，并且左腿向上运动带动脚部，设置关键帧，如图7-161所示。

Maya 2020三维动画制作案例教程

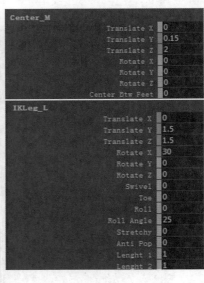

◄ 图7-161

STEP 2 将当前时间指示器滑动至第18帧位置，制作身体与右腿向上的运动并设置关键帧，如图7-162所示。

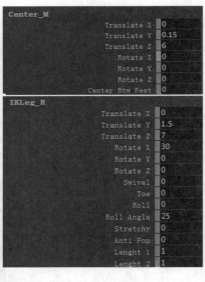

◄ 图7-162

STEP 3 打开曲线图编辑器，对这3个控制器的Y轴执行Curves(曲线)|Post Infinity(后方无限)|Cycle with Offset(带偏移的循环)命令，将已有的关键帧动画作为副本进行无限重复，如图7-163所示。

➡️214

图7-163

STEP 4 继续增加过渡关键帧，在角色下肢做上升运动时，脚趾部分是由脚后跟部分带动从而运动的，由于被牵动的原因，脚趾部分运动时间晚于脚后跟，需要在第3帧位置选择IKLegBall_L控制器并旋转它，然后设置关键帧。因为角色走路动画为24帧循环，所以需要在第24帧位置设置关键帧，但不用更改数值，并将这个控制器制作后方循环的循环，如图7-164所示。使用同样的方法制作右脚的过渡关键帧并使其循环：第0帧为0°、第12帧为0°、第15帧为-50°、第18帧为0°、第24帧为0°。

图7-164

STEP 5 与上一步相同，下肢运动由脚后跟带动脚趾部分，脚部下落过程中同样是脚趾部分晚于脚后跟，选择IKLeg_L控制器，使用同样的方法旋转Rotate X轴并设置关键帧，然后再循环它的Rotate X轴，左脚是在第9帧时制作，右脚是在第21帧时制作，如图7-165所示。

图7-165

STEP 6 在与地面接触时，同样是脚后跟先着地，然后是脚掌，最后是脚趾。利用FKMiddleToe1_L控制器制作脚趾接触延时效果，图7-166所示为左脚趾设置关键帧的位置并使其循环。使用同样的方法制作右脚趾并使其循环：第12帧为0°、第21帧为0°、第24帧为-45°、第27帧为0°、第36帧为0°。

图7-166

(5) 肩与胯的旋转

STEP 1 将当前时间指示器滑动至第0帧，旋转HipSwingerRoot_M控制器Rotate X轴为20°，FKChest_M控制器Rotate Y轴为-20°，FKNeck_M控制器Rotate X轴为20°，并设置关键帧。将当前时间指示器滑动至第12帧位置，旋转HipSwingerRoot_M控制器Rotate X轴为-20°，FKChest_M控制器Rotate Y轴为20°，FKNeck_M控制器Rotate X轴为-20°，并设置关键帧。将当前时间指示器滑动至第24帧位置，旋转HipSwingerRoot_M控制器Rotate X轴为20°，FKChest_M控制器Rotate Y轴为-20°，FKNeck_M控制器Rotate X轴为20°，并设置关键帧，如图7-167所示。

STEP 2 在曲线图编辑器内，将这3个控制器的关键帧设置后方循环的循环，使其无限循环。

STEP 3 将当前时间指示器滑动至第0帧位置，旋转HipSwingerRoot_M控制器Rotate Z轴为5°，FKChest_M控制器Rotate Z轴为-5°，并设置关键帧。将当前时间指示器滑动至第12帧位置，旋转HipSwingerRoot_M控制器Rotate Z轴为-5°，FKChest_M控制器Rotate Z轴为5°，并设置关键帧。将当前时间指示器滑动至第24帧位置，旋转的参数与第0帧相同，设置关键帧，如图7-168所示。

第0帧　　　　　第12帧　　　　　第24帧

图7-167

第0帧　　　　　第12帧　　　　　第24帧

图7-168

(6)摆动手臂

STEP 1 将当前时间指示器滑动至第0帧位置，选择上肢的3个控制器，按照图7-169所示的参数值定位手臂姿势，并依次设置关键帧。

图7-169

STEP 2 将当前时间指示器滑动至第12帧位置，继续定位手臂姿势，并依次设置关键帧，如图7-170所示。

第12帧

◀ 图7-170

STEP 3 第24帧的手臂姿势与第0帧的姿势相同，将当前时间指示器滑动至第0帧，单击鼠标右键，在弹出的菜单中选择Copy(复制)命令复制关键帧。再将当前时间指示器滑动至第24帧位置，单击鼠标右键，在弹出的菜单中选择Paste(粘贴)│Paste(粘贴)命令粘贴关键帧。设置关键帧完成后，将这6个控制器制作后方循环的循环。

STEP 4 制作完成后播放动画，发现手臂的运动较为僵硬，需要制作错帧动画将手臂的运动柔软化。选择FKElbow_L控制器和FKElbow_R控制器，将其所有关键帧的运动时间整体向后移动两个关键帧的位置，起始时间由第0帧延迟到第2帧。选择FKWrist_L控制器和FKWrist_R控制器，将所有的关键帧向后移动4个关键帧的位置，起始时间由第0帧延迟到第4帧。再次播放动画，手臂的运动曲线将柔软而平缓，如图7-171所示。

◀ 图7-171

7.4.4 四足动物动画 ≫

1. 设置骨骼

STEP 1 在工具栏中单击 ⑤ 按钮，在弹出的对话框中选择quadruped.ma，单击Import(导入)按钮确认创建四足类骨骼，如图7-172所示。

图 7-172

STEP 2 将创建完成的骨骼调整定位，与模型相匹配，如图 7-173 所示。

图 7-173

STEP 3 选择已匹配完成的根骨骼，单击工具栏上的 Adv 按钮，进行骨骼的镜像及控制器的生成，效果如图 7-174 所示。

2. 蒙皮与权重

选择巨蜥模型，按住 Shift 键加选根骨骼，执行 Skin(蒙皮)｜Bind Skin(绑定蒙皮)命令进行蒙皮。然后选择模型，执行 Skin(蒙皮)｜Paint Skin Weights (绘制蒙皮权重)命令绘制骨骼权重，如图 7-175 所示。

图 7-174

图7-175

3. 四足动物的行走特点

四足动物行走和跑步的动作与人类的动作有相似的地方，人类也属于四足动物，但是四肢被分开为手与脚。四足动物的前肢与后肢运动时膝关节弯曲的方向是相反的，前肢腕部向后弯曲，而后肢则向前弯曲，如图7-176所示。

图7-176

四足动物在行走的过程中，前肢与后肢同时交替着向前跨步，称之为对角线换步法。但是在向前跨步时并不是完全同步，是相互错落的跨步节奏，若前肢处于交叉步姿势时，后肢则为半步姿势；若前肢处于半步姿势时，后肢则为交叉姿势，如图7-177所示。

图7-177

四足动物与人类一样，在行走时身体也会有相对的高低起伏，但是不同的是四足动物的起伏不在身体的高度上有变化，而是在肩胛骨与髋骨之间的高低变化，如图7-178所示。

◀ 图7-178

　　四足动物在行走时躯干的扭动是由前肢与后肢的不同跨步形成的，从顶视图看时，当身体的一侧受到挤压时，而另一侧则得到拉伸，身体呈S形，如图7-179所示。

◀ 图7-179

　　图7-180为巨蜥的运动示意图，巨蜥体型庞大，行走速度并不快，正常速度大约为1步/秒。

　　将绑定完成的巨蜥Lizard_Anim.mb文件打开，并将时间范围扩展至0~100帧的范围，制作地面，为动画做好准备，如图7-181所示。

◀ 图7-180

◀ 图7-181

4. 步伐与距离

在这一步首先需要确定的是巨蜥每行走一步的距离，假设20帧的时间行走一步，并暂时认为呈对角线式的迈步为同步时间运动，在制作完成关于腿部的动画后，再进行错帧运动。

STEP 1 在第0帧位置，选择左前肢控制器IKLegFront_L与右后肢控制器IKLegBack_R，向后移动Translate Z轴4个单位，数值为−4；选择右前肢控制器IKLegFront_R与左后肢控制器IKLegBack_L，向前移动Translate Z轴6个单位，数值为6；设置这4个控制器的关键帧，Center_M控制器不需要移动，但也需要在第0帧位置设置关键帧，如图7−182所示。

◀ 图7−182

STEP 2 在第20帧位置，首先将Center_M控制器向前移动Translate Z轴至10，选择左前肢控制器IKLegFront_L与右后肢控制器IKLegBack_R，向前移动Translate Z轴至16，右前肢控制器IKLegFront_R与左后肢控制器IKLegBack_L原地不动，并给这5个控制器设置关键帧，如图7−183所示。

◀ 图7−183

STEP 3 在第40帧位置，恢复至第0帧的姿势，先将Center_M控制器向前移动Translate Z轴至20，选择右前肢控制器IKLegFront_R与左后肢控制器IKLegBack_L，向前移动Translate Z轴至26，左前肢控制器IKLegFront_L与右后肢控制器IKLegBack_R原地不动，并给这5个控制器设置关键帧，如图7-184所示。

◀图7-184

STEP 4 一个完整的步伐已制作完成，选择这5个控制器，将它们的Translate Z轴制作后方循环的带偏移循环，使关键帧的值随着时间而递增，如图7-185所示。

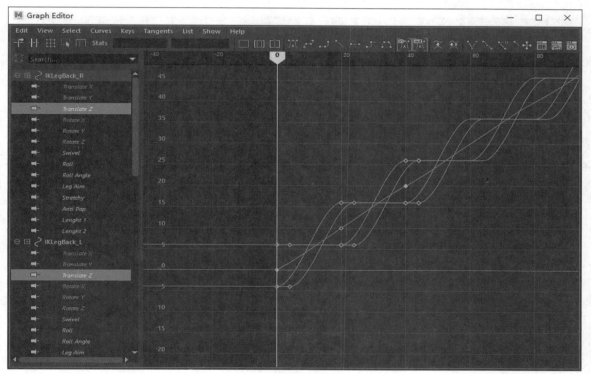

◀图7-185

5. 过渡帧与身体重心

STEP 1 在第10帧位置，将左前肢控制器IKLegFront_L与右后肢控制器IKLegBack_R向上移动Translate Y轴至2.5，设置关键帧，如图7-186所示。

图7-186

STEP 2 在第30帧位置，将右前肢控制器IKLegFront_R与左后肢控制器IKLegBack_L向上移动Translate Y轴至2.5，设置关键帧，如图7-187所示。

图7-187

STEP 3 选择四肢的控制器，将它们的Translate Y轴制作后方循环的循环，使它们的关键帧无限地循环，如图7-188所示。

图7-188

STEP 4 选择左前肢脚部控制器IKLegFrontHeel_L，在第0帧位置，不改变数值并设置关键帧；在第5帧位置，将控制器旋转Rotate X轴至25°，然后设置关键帧，在第10帧旋转至50°、第15帧旋转至−20°、第20帧与第40帧旋转至0°，并设置关键帧，然后将关键帧进行后方循环的循环；使用这样的旋转方法制作其余的3个脚部运动，增加脚步细节，并以40帧为一个完整的循环，如图7-189所示。

图7-189

STEP 5 四肢的运动暂时制作完成，需要选择两个后肢，在时间轴上选择所有的关键帧向后移动4帧的距离，使对角线换步法不同步运动。例如，左前肢由第0帧开始向前运动，右后肢则由第4帧开始运动。

STEP 6 ▶ 选择Center_M控制器，在第0帧位置向下移动Translate Y轴至−0.5，在第10帧位置向上移动至0.5，在第20帧位置向下移动至−0.5，设置关键帧后，将这些关键帧进行后方循环的循环，如图7−190所示。

◀ 图7−190

6. 肩部与髋骨转动

STEP 1 ▶ 在第0帧位置选择FKChest_M控制器，向巨蜥的左边转动Rotate Y轴10°，同样将HipSwingerRoot_M控制器转动Rotate Y轴10°，使肩部与髋骨之间呈如图7−191所示的倒梯形。在第20帧位置，转动的姿势恰好与第0帧为反方向，FKChest_M控制器与HipSwingerRoot_M控制器转动Rotate Y轴为−10°；第40帧与第0帧的转动相同，仿制第0帧制作，完成后设置关键帧并将关键帧制作后方循环的循环，如图7−191所示。

◀ 图7−191

STEP 2 在第10帧位置，将FKChest_M控制器沿着Rotate X轴的方向转动15°，HipSwingerRoot_M控制器则转动RotateX轴−15°；在第30帧位置，FKChest_M控制器反方向转动−15°，而HipSwingerRoot_M控制器则转动Rotate X轴15°；设置关键帧并制作后方循环的循环，如图7−192所示。

图7-192

7. 尾巴摆动

STEP 1 在第0帧位置，按住Shift键，依次加选6个尾巴控制器FKTail_M，旋转Rotate Y轴至3°，使尾巴与身体反方向运动以保持平衡，整个身体呈S状；在第20帧位置，所有控制器反方向转动Rotate Y轴至−3°；第40帧与第0帧姿势相同；设置关键帧并使用后方循环的循环来制作无限循环，如图7−193所示。

图7-193

STEP 2 这时尾巴的运动并不柔软，需要进行错帧动画来柔化尾巴的运动。选择第二个尾巴控制器FKTail1_M，在时间轴上选择所有关键帧并向后移动2帧的位置，使这个控制器比FKTail0_M晚2帧的时间开始运动。以此类推，将其余的4个控制器制作错帧，每个控制器都晚于上个控制器2帧的时间开始运动。制作完成后，在曲线图编辑器内看到的运动曲线，如图7−194所示。

图7-194

STEP 3 ▶ 巨蜥行走的动画制作完成。

课后练习 🔍

内容：

使用已经绑定骨骼的卡通人物模型，制作一段人物跑步的动画，如图7-195所示。

图7-195

要求：

1. 先创建Key关键帧，然后再添加过渡效果。

2. 把握人物的运动规律，按照层次顺序测试，最先是臀部，然后是腿、胳膊、头，最后是衣服。

3. 触地的Pose总是先创建，跑步脚跟每8帧触地一次。